年轻人一定要懂的

做人做事

经验全集

郑 沄 编著

中国华侨出版社

图书在版编目(CIP)数据

年轻人一定要懂的做人做事经验全集 / 郑建斌编著.
—北京:中国华侨出版社,2010.5
ISBN 978-7-5113-0424-7

Ⅰ.①年… Ⅱ.①郑… Ⅲ.①人生哲学—青年读物
Ⅳ.①B821-49

中国版本图书馆 CIP 数据核字(2010)第 083384 号

年轻人一定要懂的做人做事经验全集

编　　著 /	郑建斌
责任编辑 /	尹　影
责任校对 /	李瑞琴
经　　销 /	新华书店
开　　本 /	787×1092 毫米　1/16 开　印张/19　字数/250 千字
印　　刷 /	北京溢漾印刷有限公司
版　　次 /	2010 年 8 月第 1 版　2010 年 8 月第 1 次印刷
书　　号 /	ISBN 978-7-5113-0424-7
定　　价 /	32.00 元

中国华侨出版社　北京市安定路 20 号院 3 号楼　邮编:100029
法律顾问:陈鹰律师事务所
编辑部:(010)64443056　　64443979
发行部:(010)64443051　　传真:(010)64439708
网址:www.oveaschin.com
E-mail:oveaschin@sina.com

前 言

一个人不管有多聪明，多能干，背景条件有多好，如果不懂得如何去做人、做事，那最终的结局大多失败。做人做事是一门艺术，更是一门学问。很多人之所以一辈子都碌碌无为，很大程度是因为他活了一辈子都没有弄明白该怎样去做人做事。

表面上看，做人做事似乎很简单，有谁不会呢？其实不然，比如说你当一名教师，你的主观愿望是当好教师，但事实上你却不受学生欢迎；你去做生意，你的主观愿望是赚大钱，可你偏偏就赔了本。抛开这些表层现象，去发掘问题的症结，你就会发现做人做事的确是一门很难掌握的学问。

年轻的时候，做什么样的人都好。叛逆的、乖巧的、张扬的、忧郁的，即使一失足，也不会就直接奔着"千古恨"的终极目标而去，只要岁数还小，有的是机会"金不换"。问题是，青春总是短暂的，等到流水无情，韶华渐去，这个时候就要考虑"做人"的问题。关于做人，编者觉得有句古话很有道理："利不可赚尽，福不可享尽，势不可用尽。"这句老话所说的就是我们在做人的时候要给自己留出一定的余地，以备不时之需。现代社会，变数大，风险多，没有永远的朋友也没有永远的敌人。所以我们在平时的待人处世过程中，千万不要把事情做绝，要时时处处为自己留下可回旋的空间，就像行车走马一样，你一下子走到山穷水尽的地方，调头就不容易了。

如果我们时时精于算计，事事锱铢必较，不给他人留半点余地，不甘心牺牲自己一点点利益，那么我们与人之间的交往，必定是极易出现剑拔弩张的局面。也许此时你在上风而他在下游,暂时奈何不了你,但是山不转水转,等时势易位时,你难免就要品尝自己酿下的苦果了。

所以,我们完全不必把事情做得太绝,能栽花的时候千万别种刺,宽容别人其实也就是宽容自己,给别人留条后路也是给自己留条退路。一个人只有深谙进退之道,能审时度势,洞悉对方意图,体察自己处境,从而进退有节,挥洒自如,才能在社会竞争中立于不败之地;在人际交往中游刃有余,左右逢源。

关于做事,编者认为这内涵很大。比如在办公室里,你以出色的专业水平完成自己分内的工作,这其实是做事的一部分,做事还包括了如何设计和规划自己的前程,如何与上司沟通,如何与同事合作。在社会上,做事又包括了体察人心、保持分寸、寻找助力、清除障碍等等。做事,当然不只是肯做、能做那么简单。

做事要讲方法,讲辨识,讲分寸,讲策略。尽管世界千变万化,但只要人性不变,做事,就有脉络可寻。对于前人得与失的思考,对于某些代表事件的分析,可以帮助我们获得为人处世的经验和智慧。虽然通过读书而获得的认识,比不得亲身躬行印象深刻,但它给你的却是如何做强自己,清除身边隐患的忠告,如果我们的弯路走得少一些,达到自己目标的行程就能快一些。

当然,做人做事是一门涉及现实生活中各个方面的学问,单从任何一个方面阐述,都不可能窥其全貌。要掌握这门学问,抓住其本质,就必须对现实生活加以提炼总结,得出一些具有实践指导意义的经验来,如此才会对今后的做人做事带来帮助。

C目录
ontents

年轻人一定要懂的做人经验

> "利不可赚尽,福不可享尽,势不可用尽。"现代社会,变数大,风险多,没有永远的朋友也没有永远的敌人。所以我们在平时的待人处世过程中,千万不要把事情做绝,要时时处处为自己留下可回旋的空间,就像行车走马一样,你一下子走到山穷水尽的地方,调头就不容易了。

知人不必言尽,留三分余地与人,留些口德与己

责人不必苛尽,留三分余地与人,留些肚量与己

年轻人一定要懂的做事经验

> 做事要讲方法，讲辨识，讲分寸，讲策略，尽管世界千变万化，但只要人性不变，做事，就有脉络可寻。要领会做事的重要规则和方法，提升做事的水平和效率，在做事中提升自己的能力，为自己创造左右逢源的环境，从而成就事业、成就人生。

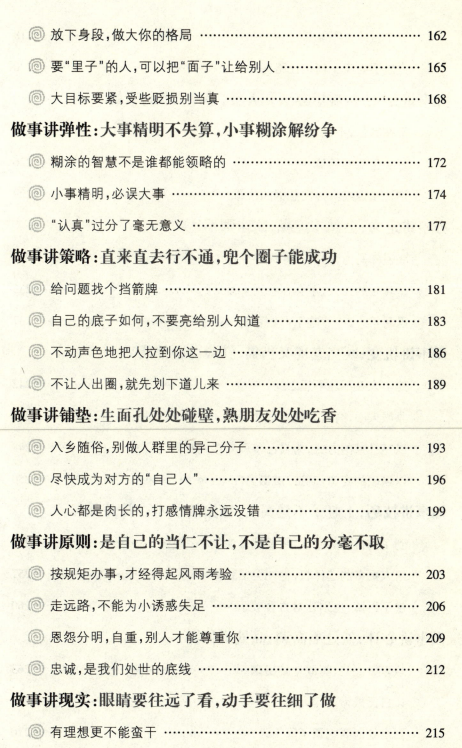

做事讲明智：该出手时敢为人先，该藏拙时甘为人后

做事讲理性：衡量利弊事妥当，感情用事一团糟

上 篇

年轻人一定要懂的做人经验

"利不可赚尽，福不可享尽，势不可用尽。"现代社会，变数大，风险多，没有永远的朋友也没有永远的敌人。所以我们在平时的待人处世过程中，千万不要把事情做绝，要时时处处为自己留下可回旋的空间，就像行车走马一样，你一下子走到山穷水尽的地方，调头就不容易了。

知人不必言尽，
留三分余地与人，留些口德与己

中国人有句古话："成人之美，不送人之恶。"可以说，成人之美是美德中的美德。凡是成人之美的话，诸如激励人心，善良忠告等是受人欢迎和尊重的。

反之，在与人谈话中，不但不成人之美，反而拆别人台，与人唱反调，不管别人说得对不对，都要反对一下，使人家的兴致成为泡影，那就注定要遭人唾弃，朋友、同事多半会疏远他。

◎ 唱反调，唱不出真正的赢家

每一个人都相信自己才是真理的拥有者，为此，他们常常争论不休，但他们却不知道，争辩的言辞是很苍白无力的，它很少能说服他人改变立场，就算是口若悬河的诡辩家也挽救不了自己的命运。所以说，逞口舌之利是毫无意义的，不但不能改变别人的立场，反而把自己逼上绝路。

有位爱尔兰人名叫欧·哈里，上过卡耐基的课。他受的教育不多，可是很爱抬杠。他当过人家的汽车司机，后来因为推销卡车不顺利，来求助于卡耐基。问了几个简单的问题，卡耐基就发现他老是跟顾客争辩。如果对方挑剔他的车子，他立刻会涨红脸大声强辩。欧·哈里承认，他在口头上赢得了不少的辩论，但没能赢得顾客。他后来对卡耐基说："在走出人家的办公室时我总是对自己说，我总算整了那混蛋一次。我的确整了他一次，可是我什么都没能卖给他。"

所以，卡耐基的难题是如何训练欧·哈里自制，避免争强好胜。欧·哈里后来成了纽约怀德汽车公司的明星推销员。他是怎么成大事的？这是他的说法：

"如果我现在走进顾客的办公室，而对方说：'什么？怀德卡车？不好！你就白送我我都不要，我要的是何赛的卡车。'我会说：'老兄，何赛的货色的确不错，买他们的卡车绝错不了，何赛的车是优良产品。'

这样他就无话可说了，没有抬杠的余地。如果他说何赛的车子最好，我说没错，他就只有住嘴了。他总不能在我同意他的看法后，还说一下午的何赛车子最好。我们接着不再谈何赛，我就开始介绍怀德的优点。

当年若是听到他那种话，我早就气得脸一阵红、一阵白了，我就会挑何赛的毛病，而我越挑剔别的车子不好，对方就越说它好。争辩越激烈，对方就越喜欢我竞争对手的产品。

现在回忆起来，真不知道过去是怎么干推销的！以往我花了不少时间在抬杠上，现在我再也不做那样的傻事了，果然有效。"

正如明智的本杰明·富兰克林所说的："如果你老是抬杠、反驳，也许偶尔能获胜，但那只是空洞的胜利，因为你永远都得不到对方的好感。"

有的人喜欢用唱反调来表现自己的与众不同。他们常为自己拥有与众不同的一孔之见而自鸣得意。与同事谈话，发表个人见解是可以的，但一味地唱反调，把他人驳斥得一无是处，以示聪明。这样的人即使真的见识高明，也是要不得的。

凡事有度，"制人"也是同样。让人看到你强大的一面，防守的目的应当大于进攻。不能演着演着来了兴致，沉溺在机警、强硬的美好感觉里，只为表现而表现。

大文豪萧伯纳从小就很聪明，且言语幽默，但是年轻时的他特别喜欢崭露锋芒，说话也尖酸刻薄，谁要是和他说一句话，便会有体无完肤之感。后来，一位老朋友私下对他说："你现在常常出语幽默，非常风趣，但是大家都觉得，如果你不在场，他们会更快乐，因为他们比不上你，有你在，大家便不敢开口了。自然，你的才干确实比他们略胜一筹，但这么一来，朋友将逐渐离开你，这对你又有什么益处呢？"老朋友的这番话，使萧伯纳如梦初醒，他感到如果不收敛锋芒，彻底改过，社会将抛弃他，又何止是失去朋友呢？所以他发誓，从此以后，再也不讲尖酸的话了，要把天才发挥在文学上，这一转变成就了他后来在文坛上的地位。

萧伯纳可能是文人积习、无心之失，这倒也罢了。可在生活中，的确有人对于类似的问题认识不清，他们以为，只有以自身的光芒，才能反衬出对手的渺小，这却是一个南辕北辙的错误。正直、坦率、敢于捍卫自己正当权利的人是受人尊敬的，而当一方招架退避、另一方却欺人太甚时，在周围的人眼里，后者的心胸气量就要受到置疑。

美国人是一个性格外向，感情丰富的民族。他们欣赏英俊的外貌，沉着冷静、彬彬有礼的绅士风度，赞赏幽默机智的谈吐。1992 年，老布什与克林顿竞选总统，从外部形象看，年仅 46 岁的高大、英俊的克林顿当然比年纪老迈的老布什占有很大的优势，但老布什是一个很难对付的对手，他是一个老牌政客，在从政经验的丰富与外交成就的显赫这两个方面，克林顿无法同他相比。故而克林顿在三次电视辩论中决定采用以柔克刚的办法，不咄咄逼人，不进行人身攻击，要在广大听众面前展示出一个沉着稳重，从容大度的形象。在 1992 年 10 月 15 日第二次电视辩论中，辩论现场只设一个主持人，候选人前面都没有讲桌，只有张高椅子可坐，克林顿为了表示他对广大电视观众的尊敬，一直没有坐，并且在辩论中减少了对老布什的攻击，把重点放在讲述自己任阿肯色州州长12年间所取得的政绩上。克林顿的这种以柔克刚，彬彬有礼的做法，立即赢得了广大电视观众的好感。

最后一次电视辩论中，克林顿英俊潇洒的姿态，敏捷的论辩与幽默机智的谈吐使他大出风头。他在对老布什的责难进行了有效的反驳以后，很得体地对广大电视观众说："我既尊敬布什先生在白宫期间的为国操劳，又希望选民能鼓起勇气，敢于更新，接受更佳人选。"话音刚落，掌声雷动。

既然是竞争，肯定要分个输赢，只是无论结果如何，姿态不能太难看。克林顿是个聪明人，他也需要掌握主动权，也需要给对手施加压力，却时刻小心着不操之太急，以免丢了印象分。

只要矛盾没有发展到你死我活的关头，总是可以化解的。冤家宜解不宜结，低头不见抬头见，还是少结怨家比较有利于自己，如果你还想在一个单位待下去，发展自己的事业，使自己有所作为的话，就应该学会变通，最好"怀忍让之心"，而不要做无谓的口舌之争。如果处境不利而又无计可施，那么就可以采用一种以不变应万变的变通方法——保持沉默。保持沉默，可以避免给自己带来灾祸，或使自己的处境变得更加主动。

有大家风范的人，不会戳人短处

俗语说得好：打人不打脸，揭人不揭短。要想与他人友好相处，就要尽量体谅他人，维护他人的自尊，避开语言的"雷区"，千万不要揭人之短，戳人之痛。

我们每个人都会有缺陷、弱点，这也许是生理上的，也许是隐藏在内心中的不堪回首的经历。尤其是在生理上的缺陷，我们无法去改变它，而且内心也许常为此懊恼。不可以拿对方的缺陷来开玩笑，就算为自己的利益着想，也不应去触痛别人的"疮疤"。因为对任何人来说，被击中痛处，都会引起不快。

人们之所以有忌讳，怕别人揭自己的短处，说到底是自尊心问题，怕脸面上过不去。所以，你若想获得朋友，就一定不要触痛他们的短处。

古代有一则故事，说的是有一个叫鱼子的人，生性古怪，对人尖酸刻薄，总好揭人短处并以此为乐。有一天，朋友们坐在一起吃酒，其中一个叫吴丑的因老婆管得太严而不敢多喝。鱼子便吵吵嚷嚷地说："你们知道吴丑为什么不敢吃酒吗？是他的老婆管教得太严了。有一次，吴丑喝醉了酒，还被老婆打了几个耳光呢！"吴丑被鱼子当众揭了短处，恼羞成怒，拂袖而去，大家也弄了个不欢而散。

生活中像鱼子这样的人不乏其人。他们认为，只有揭了别人的"短"，才足以证明自己的"长"，以此来获得心理上的满足。却不知这样做的结果只能使人们对他们避而远之。

有一位年轻的姑娘长得很胖，吃了不少的减肥药也不见效果，心里很苦恼，也最怕有人说她胖。有一天，她的同事小吴对她说："你吃了什么呀，像气儿吹似的，才几天工夫，又胖了一圈儿。"胖姑娘立马恼羞成怒："我胖碍着你什么了？不吃你的，不喝你的，真是狗拿耗子，多管闲事！"小吴不由得闹了个大红脸。在这里，小吴明知对方的短处，却还要把话题往上赶，这自然就犯了对方的忌讳，不掀起一场风波才怪呢。

俗话说："不打勤的不打懒的，专打不长眼的。"这句话说得实在有道理。因为，人生在世有很多忌讳，如果你在无意之中触犯了别人的忌讳，就会在无形之中得罪对方。所以我们说话时，一定要眼观六路，耳听八方，千万不要说大家不愿听的话。

有一位姑娘谈恋爱遇挫，头一回感情旅程就打了"回程票"，心里有点懊恼。这位姑娘性格内向，平时不善言谈，也没有向旁人袒露内心的秘密。单位里一个与她很要好的同事在办公室里看到她愁容不展，就当着众人的面说起安慰话："这个人有什么好，凭你这种条件，还怕找不到更好的？"没等她说完，这位姑娘就跑出办公室。这时她才感到这样的地方说这样的安慰话有些不当，可姑娘已无法领情了。几句安慰话倒成了彼此尴尬的缘由。

对性格内向的人或者是怕羞的女孩子，一般不宜在众人面前直接给予安慰。尤其是涉及别人的隐私，万万不可"好心办错事"，不宜在公开场合"走漏风声"，在说安慰话时，还得"看人点菜"，不同对象要处以不同的方法来安慰。

人们在交谈中常有一些失言："哎，你儿子的脚跛得越来越厉害了！""你怎么还没结婚？""你真的要离婚吗？"等等，一些别人内心秘而不宣的想法和隐私被你这些话无情地揭露了出来，实在是不够理智的。如果你想让人喜欢，就不要对跛子谈跳舞的好处和乐趣；不要对一个自立奋发的人谈祖荫的好处；不要无端嘲笑和讽刺别人，尤其是别人无能为力的缺陷，否则就是一种刻薄。

人们对于自己的忌讳，通常极为敏感。由于心理作怪，往往把别人的无意当成有意，把无关的事主动与自己相联系。有时，你随口谈一点什么事，也很可能被视为对他的挖苦和讽刺，正所谓"说者无意，听者有心"。因此，我们不仅应避免谈论别人的忌讳之点，同时也应注意不要提及与其忌讳之点相关联的事物，以免造成对方的误会，以至使他的自尊心受到无谓的伤害。在与人相处时，即便是为了对方或是为了大局必须指出别人的缺点，也要讲究策略和方法。

◎ 贬损他人，显不出你的高明

在交际应酬中不会适当抬高自己的人，很难获得高质量的交际效果。你能言善辩的口才，渊博的知识，彬彬有礼的举止，常常是在社交中获得人缘的重要因素之一。善于交际的人，总是最大限度把自己的"闪光点"呈现于他人面前，能给人一个难以泯灭的印象。但是，清高自负，狂妄自大，在言行上贬低他人，只能使社交变得毫无意义，并且招致他人的反感。

抬高自己，贬低别人，势必给别人带来思想上的不愉快。因为这种贬损与实际差距很大，实际上是对别人工作的一种主观的否定，所以一旦给别人带来思想上的不愉快，还会严重地影响他人的正常的思想情绪。另一方面，贬损的言辞还有可能被一些别有用心的人所利用，作为攻击或整治他人的材料，势必破坏彼此之间团结和谐的人际关系。

米娅自我感觉良好，然而在单位人缘并不好，因此她经常抱怨世态炎凉，责怪同事寡情。真的是世态炎凉、同事寡情吗？非也！原来是米娅自命不凡，每逢单位开会、年终考评，她都喋喋不休地贬损他人，以显示自己"崇高的思想"、"卓越的才能"、"非凡的业绩"。因此，同事们都觉得米娅太过分了，太不像话了。于是大家都不买她的账，她陷入了孤家寡人的境地。显然，米娅人缘不好，其原因在于贬低他人，抬高自己。在现实生活中，像米娅这种人为数并不少。

为什么有些人会不择手段地贬损他人、抬高自己呢？其原因显然是出于一种站在自己的利益上考虑的心理。有些人为了充分地显示"自己的高明"和"非凡的价值"，因此往往喜欢找参照物，自以为通过贬损他人，自己的高明和非凡的价值就能充分地表现出来了。

更有甚者，有人还喜欢以打小报告的方式来压制别人显示自己，这样做的结果又如何呢？

专在别人背后拆台的人，等于在自己额头上刺了个"小人"的金印，对他们的话，听者会一面点头，一面暗生提防之心。爱打小报告的人，容易被人们当成了解对方情况的"工具"，永远不会得到重用。

　　某机关欲从一部门中择优录用一名干部，该部门中两位出类拔萃的青年都在被选之列。由于这两位青年各方面都非常优秀，让前去考察的人为选谁而大伤脑筋。这两位原本无话不谈的朋友，现在虽然表面上平静如初，暗地里却互相展开竞争。由于竞争太过于激烈，且二人都在迫不得已的情况下使用了不正当的竞争手段，分别到上级领导那儿去进谗、拆对方的台。上级机关的领导在一怒之下，从其他部门选拔了干部。这两位青年从此不但反目成仇，而且都一蹶不振。无论在什么场合中，这样寸步不让、寸利必争的明争暗斗，都只能落得个悲惨的两败俱伤的结局。

　　如果你要追求幸福，你可以奋力拼搏，但不要把自己的幸福建立在别人的痛苦之上。在一个集体里，人们最痛恨的情况之一便是打小报告。

　　领导们真的喜欢某个职员打小报告吗？绝对不是，大部分的领导绝不喜欢打小报告的职员。而且，这种职员的心态也能被领导洞察无遗。

　　如果你这么热衷于踩着朋友的肩膀往上爬，难保有一天你不会踩着领导的肩膀往上爬，这完全是合理的推断。

　　靠打朋友小报告来讨取领导欢心的人在出卖朋友的同时，自己也可能被出卖，领导对打小报告的人一般有以下几种印象：

　　1. 此人不光明磊落，心胸狭窄，不走正道。

　　2. 成不了大器，不琢磨事，光琢磨人，工作肯定抓不好。

　　3. 对自己认识不足，眼睛都用来挑人毛病，吹毛求疵。

　　领导之所以对打小报告的人表面上和颜悦色，那只是为了更进一步地从他那里多掌握些其他人的情况，仅此而已，但对"工具"本身是绝对不会委以重任的。

　　其实，真正有能力的人，他的行动就可以表明一切。吹嘘和夸口、压制别人其实意味着他并不真正了解自己，也不能正确认识自己在世界上的价值。

责人不必苛尽，
留三分余地与人，留些肚量与己

若想获得成功，就要广交天下人才，而百样米养百样人，每个人不免都有自己性格上的缺失，这就需要我们有全局性的目光，不计较他人小节上的不检点。

在一个人身上，正直与憨傻、质朴与愚钝、耿介与狭隘、庄重与怠慢、机辩与放纵、诚信与拘谨，往往都是连在一起的，关键在于我们的着眼点在哪里。如果我们取其中的一个人身上美好的一面，对于他小小的疏失就不会介意。能做到这一点，我们就又从自己狭窄的人生格局里走出了一步。

◎ 金无足赤，人无完人

每个想做出一番事业的人，靠单打独斗是无法取得成功的。最理想的局面，是有一些能力既强，性格又沉稳，品格又高尚的人来支持和帮助我们，可惜的是，这种人在现实中属于凤毛麟角，是可遇而不可求的。

"金无足赤，人无完人"，有魄力的人，可能粗枝大叶；心细的人，可能手会放不开；老实肯干的人，脑袋瓜子可能不灵活，像算盘珠子似的拨一下动一下；而脑袋瓜子灵活的，又可能偷巧卖乖，办起事来让人不放心，甚至于有一些人有某些特殊的本领，但在其他方面却完全一无是处。

在用人和交友上，白璧无瑕、文武全才者固然是最为理想的人选，但现实生活中往往会出现鱼和熊掌不可兼得的情况。这个时候，到底用"有瑕玉"还是"无瑕石"，就看用人者的眼光了。

刘邦与项羽争夺天下，陈平本来侍奉项羽，但时间一长，陈

平发现项羽不足以成大事，便弃之而投靠刘邦。刘邦对其格外看重，这引起了手下人的不满，他们纷纷说陈平的坏话。

一天，周勃和灌婴跑来对汉王说："陈平的脸蛋儿长得固然不错，但这就像帽子上的明珠，外表光亮，内部却并不怎么样。听说他在家里和嫂子私通，待奉魏王不忠，才叛逃到楚国。在楚国干了坏事，又来投奔我们。大王非常器重他，按说他应该知恩报恩，但是，他却贪心不足，以权谋私，收受诸将贿赂！"

三人成虎，众口铄金。刘邦对陈平的信任动摇了，他责问魏无知为什么要推荐如此品行不端的人来。

魏无知对这些传言的真实性也说不清楚，只能从道理上开导汉王说："臣推荐的是陈平的才能，而大王责怪的是陈平的品德。眼下是两军对垒，正是你死我活的非常时期，即使有像尾生那样守约，像孝己那样孝顺的人，他的品德固然高尚，可对赢得当前这场战争能有什么作用？臣推荐奇谋之士，是为了打败楚军。至于和嫂子私通、接受贿赂的事，还是请大王问问陈平本人。"

汉王听完魏无知的话，火气已消了大半。他乃把陈平叫来查对。

"盗嫂"的事，本属子虚乌有，陈平一笑了之。对于"受金"，陈平则直言不讳："臣离开楚营前全部退还了项王赏给的黄金，两手空空到了汉营。但是，没有一笔钱，就办不成大事情。所以，臣又想办法积攒了一批金银。现在，如果大王觉得臣的计谋可以用，臣留下，如果大王觉得臣的计谋不能用，请大王准臣辞别归乡。所有的钱财都放在库里，臣分文未动，大王要收回去还来得及。"

汉王听了，大受感动，离开座位，拉着陈平的手说："寡人错怪你了，请勿介意。"随即把陈平升为护军中尉，并赏赐了丰厚的钱物。汉军将士也渐渐消除了对陈平的成见。之后陈平助汉王定天下,屡立奇功。

能成大事者,都善于放弃局部,从全局的高度来分析问题和解决问题。如果一味的事无巨细,样样件件都要一是一,二是二,没有一点余地和灵活性,那么你的事业就要出现许多危机。

我国清末富可敌国的大商人胡雪岩在用人的时候,非常注重对其全方位的衡量和考察,独具慧眼,发现别人的长处。这一点使他获得了不少难得的人才。

陈世龙外号"小和尚",原是一个整日混迹于湖州赌场街头,吃喝玩赌无所不精的"混混"。这样的人,在别人眼里自然是不值一提的。在人看来,胡雪岩把他带在身边,实在是自讨麻烦。

但胡雪岩对"小和尚"颇为欣赏,认为他虽不是做档手的材料,却是一个跑外的好手,因而决意要栽培、再造他。

这是因为,他看到了陈世龙的长处:

第一,这小伙子很机灵。胡雪岩与"小和尚"认识,其实很偶然,只是在湖州找朋友郁四的时候,托他带了带路,但就这一面之缘,胡雪岩发现他与人交接不露怯,对胡雪岩提出的问题,既对答如流,又合适得体。胡雪岩对他的第一印象就是:"这后生可以造就"。

第二,这小伙子不会吃里扒外。这是胡雪岩在郁四那里了解到的。郁四虽然认为"小和尚"太精,而且吃喝玩赌样样都来,但对他不吃里扒外倒是给了相当公正的评价。而说"小和尚""太精",又恰好证明了胡雪岩认为这小伙子很机灵的第一印象。

第三,最难得这小伙子还很有血性,说话可以算数。这是胡雪岩自己试出来的。胡雪岩在正式决定将"小和尚"收到自己身边之前,和他谈了一次话,临分手时给了他一张五十两的银票要

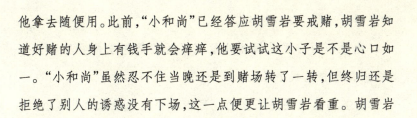

他拿去随便用。此前，"小和尚"已经答应胡雪岩要戒赌，胡雪岩知道好赌的人身上有钱手就会痒痒，他要试试这小子是不是心口如一。"小和尚"虽然忍不住当晚还是到赌场转了一转，但终归还是拒绝了别人的诱惑没有下场，这一点便更让胡雪岩看重。胡雪岩本为就有一个说法，看一个人怎么样，就是看他说话算不算数。

在胡雪岩看来，一个小伙子吃喝玩赌都不要紧，最重要的是有本事，有志气。缺点毛病再多，有志气的人都可以改掉。只要做人有原则，什么其他的短处都不重要。胡雪岩就是看中了陈世龙的这点长处，将他变成了一个可造之材，成了自己跑江湖、泡官场的得力助手，左膀右臂。

所谓"样样都可以"，其实必然是一无高处。才干越高的人，其缺点往往越明显。有高山必有深谷，谁也不可能十项全能。所以我们在评价一个人的时候，要注意搜集多方面的信息，综合衡量他的优劣长短，如果仅凭一件事就得出肯定或者否定他的结论，最后很可能是误人误己。

三教九流的人都要交一交

一个人成功的关系网，应该是各个层次、各个界面的人的交叉，是与我们生活息息相关的各界人士，随时能为我们提供便利的人。有了这些人的存在，关系网才算更合理、更完美。

为了达到这种境地，我们交朋友就不能心存偏见，三教九流的人物都要应酬好了。

《红楼梦》里，贾芸是玉堂金马的贾家旁枝的人物。幼年丧父，唯有的一点家产又被舅舅卜世仁哄了去，只与寡母相依过活。长大后出落得身材颀长斯文清秀，若有银子栽培着，也是翩翩浊世佳公子。如今无祖上的荫蔽，少不得要自己挽起衣袖来讨生活。

此时荣国府里是凤姐儿管家，贾芸就想求她弄件事情管管，也算给自己找个营生。

贾芸的主意倒是不差的，可惜手中没钱给凤姐儿送礼，还是办不了事。到开香料铺子的舅舅家赊贷不着，心中无限烦恼。正低头走着，不料一头碰到一个醉汉身上，被他拉住骂道："你瞎了眼，碰起我来了。"贾芸一看正是邻居倪二，他本是个泼皮，专放高利贷，在赌博场中帮闲，又爱喝酒打架。于是忙道："老二住手，是我冲撞了你。"倪二见是熟人便罢了，两人相谈几句，贾芸便把到舅舅卜世仁家借贷不着的事告诉了倪二。倪二听了大怒，定要把包里的银子借给贾芸。贾芸心下思量："倪二素日虽然泼皮，却因人而施，颇有义侠之名。若今日不领他的情，怕他恼怒，反而不美，不如用了他的，改日加倍还他也倒罢了。"因而笑道："老二，你果然是个好汉，既蒙高义，怎敢不领，回家就照例写了文约送过来。"谁知倪二竟连文约都不要就走了。

就是这十几两银子，帮了贾芸的大忙。

人在江湖，三教九流的人物都不能忽略了。像贾芸，既已落魄了，不如就索性扔了"诗礼世族"的招牌，与身边的市井人物混得人人脸熟。像倪二这样的泼皮，颇似今日的街市闲人，好起来，人敬我一尺我敬人一丈；惹恼了，拼得鱼死网破也与你纠缠到底。人们常说宁得罪君子不得罪小人，原因也就在这里。贾芸把自己的难事、丑事一古脑抖给倪二，一则显示亲近，二则表示把他当成人物看待。至于对倪二的大力相助，本属意外之想，但他既已说了，再推托倒有可能旁生枝节。

许多人交朋友，只与"合得来"的人交往，这就有些偏颇了。

社会上人与人之间的利益关系非常浓厚，人际交往也不可避免地成为整个社会利益链条中的一环，以功利为取向的交往地位提高了，这个时候，还抱着一副书呆子气，自以为清高有境界，结果只能是离群索居，被人孤立，处处吃亏。

所以，以"合得来"与否作为人际交往的唯一标准实在是一种偏误，正确的做法是：既要交合得来的朋友，也要能交合不来的朋友。人类社会是一个人们因相互需要而结成的共同体，因此，人与人之间互有利益上的需求是再正常不过的事情了。通过互利互惠、互通有无、取长补短、相互合作式的人际交往，我们可以办成一个人通常难以办成的事，不断地壮大自己的实力，从而为自己远大人生目标的实现奠定坚实的基础。

有些人也明白通过哪些交往能给自己带来哪些利益，但他们就是做不到。与合不来的人交往，他们会感到心理负担很重，情感上受不了，又不能得体地掩饰和控制自己的这种不适，结果感到自己很累，很受压抑，远不如独来独往那般轻松自在，而跟他在一起的人会感到尴尬。他们这些人最典型的一种心理就是，"跟你合不来，还要敷衍你，真是受不了"。

这样做的后果就是，你融不到别人的利益圈子里去。因此，困难时也不会有人站出来维护你的利益。

不管你愿不愿意，事实上，身边的每一个人都是你的"人际资产"。如果你不能让每一笔人际资产成为正数，至少也不能让其中任何一笔成为你的"负资产"。当然，让所有的人都成为你的"正资产"，可能成本太高，得不偿失，但是，你千万不能让他们成为你的"负资产"。如果是"负资产"，那么，他们对你来说，是成事不足，败事有余，在无形之中会加大了你成长的成本。所有的成功者，他们往往有很深厚的人际资源，他们大多是通过互相扶持而取得成功的，他们的格言是：你搀了我一下，我也会扶你一把。

与人拉开一点距离，才可能避免求全责备

任何事物都具有两重性。比如好与坏、亲与疏等都是辩证统一的关系，而且在一定条件下可以互相转化。与人相处也是这样，接触太少，关系会逐渐疏远，而过于亲密了，也可能会多添一些不必要的是非。

你只要稍加留意，便不难发现诸如此类的现象：某两个人以前亲密无间，不分彼此。可是，没过多久却翻脸为敌，不仅互不来往，而且反目成仇。何以至此？西方有一种"刺猬理论"对此可作诠释。"刺猬理论"说：刺猬浑身长满针状的刺，天一冷，它们就会彼此靠拢，凑在一块。但仔细观察后发现它们之间却始终保持着一定的距离。原来，距离太近，它们身上的刺就会刺伤对方；距离太远，它们又会感到寒冷。只有若即若离，距离适当，才能既保持理想的温度，又不伤害对方。

在现实生活中，这种"亲则疏"的现象是较为普遍的，这大概也可算作一条交际规律。古人曾告诫说："亲善防谗。"也就是说，要想结交一个人不必急着跟他亲近，以免引起坏人的嫉妒而在背后诬蔑诽谤。因为，一旦显出与人交往而过分亲密，小人就可能由于被冷落而忌恨生出挑拨的念头，就会从中"离间"，使彼此生疑，此其一。实践表明，越是与人亲近，被伤害的程度就越大，由此产生的怨恨就越深，历史上兄弟相残、父子交兵的事件屡见不鲜。可见，嫉恨、猜忌的心理，骨肉至亲之间比陌生人之间显得更加厉害，此其二。

姜山与常斌是一对好朋友，他们大学时就是睡在上下铺的兄弟，难得的是毕业后又应聘到同一家公司上班。两个人都是单身，一合计，就一起在公司附近租了个两居室住，既省钱，又互相有个照应。

刚开始时，两人都过得舒服快乐，感觉比当年的大学宿舍自由多了。可时间一久，平日不留心的一些问题就出来了。姜山是个细心的人，平日非常节俭，他有一个小本子，每个月的收入

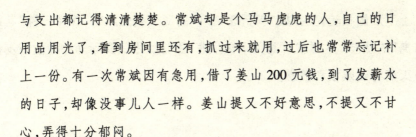

与支出都记得清清楚楚。常斌却是个马马虎虎的人，自己的日用品用光了，看到房间里还有，抓过来就用，过后也常常忘记补上一份。有一次常斌因有急用，借了姜山200元钱，到了发薪水的日子，却像没事儿人一样。姜山提又不好意思，不提又不甘心，弄得十分郁闷。

这些生活的小节倒也罢了，更让姜山受不了的是，常斌自恃老同学、老朋友身份，对姜山说话时毫无顾忌。不管有没有其他人在场，诸如"你效率也太差了！""这样想思路有问题"之类的话，常常脱口而出。在常斌看来，因为两人关系好，所以不必讲那么多虚礼，有事儿尽管直言；在姜山心里，这却是对自己的贬低和不信任，是无论如何也不可忍受的。

一年之后，姜山在别处找个房子搬走了。在单位与常斌相遇时，也只淡淡地打个招呼，就是在工作上，也尽量避免合作。

在这公司同事的眼里，就成了一个笑话，有些本就看不惯当初两人锋芒的前辈们，还把这当成"年轻人没长性"的现成的例子。

做人应当心贴心，但切忌"零距离"。距离太近，就会刺伤对方。一般来讲，人与人密切相处当然不是一件坏事，否则怎么会有"亲密的战友"、"亲密的伙伴'、"如胶似漆的好朋友"等誉词呢？但任何事情都不能过分，过分就会走向极端。俗话说，"先热后冷，人走茶凉"，就是这个道理。其实，有时做人要"不近不远"才最好！

凡事不能超"度"，做任何事情走向极端就等于走到反面。那么，我们应当如何把握与朋友交往的分寸，做到既不过分亲密，又不过分疏远呢？

人是社会的动物，与人交往是我们生活和心理的需要，我们要交朋友，但不能忘记了"君子之交淡如水"的老话。为了避免过分亲密而带来的危机，就必须在心理上保持一定的距离，在经济上保持相对独立，在行动上不形影相随，要把握"刺猬理论"中的适度相处原则，保持一种"若即若离"的状态。这样就可避免乐极生悲、恩将仇报的交际悲剧和由于友情破灭而导致嫉恨和愤懑。

◎ 给人忠告，不是为了刺伤人

许多自诩为"有话直说"、"想到什么说什么"、"直筒子脾气"的人，其实是简单地用自己的观念和习惯去衡量别人的态度与行为，一遇到不对自己胃口的事立刻就去指责，实际上这并不是对人善意的真诚，只是自我不悦情绪的随意宣泄。出言不逊者只会自食苦果。只有处处与人为善，严以责己，宽以待人，才会建立与人和睦相处的基础。

某大学有位中年知识分子给研究生讲现代汉语语法研究专题，有一次，负责研究生具体工作的年轻老师向他反映研究生对他的意见，说："你讲得不深不透。他们不是大学生了，不爱听炒冷饭的课。"直率是很直率，可是这位中年知识分子听了却来了情绪："炒冷饭！我不炒不就是了吗！"说完，拂袖而去。如果年轻老师会说话，他应该委婉些，把批评意见当成"希望"、"建议"说出来。比方可以这样说："这些研究生的水平比较高，他们希望您讲点新见解、新材料，讲点国外语言研究的动态。"也许这样说，对方就容易接受。

如果你不笨，就该知道话要怎样说出口。人类为什么要开口说话呢？为了沟通。你说话是为了传达一个信息，达到一定的效果，或完成一项指令。每个意思都有不同的表达方式：强制、请求、命令、建议……哪一个是让人容易接受的？说话是为了语言背后的目的。为了不白说，就不能说得硬梆梆地砸人。

美国总统威尔逊说过:"假如你握紧两只拳头来找我,我想我可以告诉你,我会把拳头握得更紧;但假如你找我来,说道:'让我们坐下商谈一番,假如我们之间的意见有不同之处,看看原因何在,主要的症结在什么地方?'我们会觉得彼此的意见相差不是十分远。我们的意见不同之点少,相同之点多。并且只需彼此有耐性、诚意和愿望去接近,我们相处并不是十分难的,那么这样一来,我就会非常高兴并愿意与你一起商谈。"

某工程师嫌房租太高了,要求减低一点,但是他晓得房东却是一个极固执的人,他说:"我写给房东的一封信说,等房子合同期满我就不继续租了,但实际上我并不想搬家。假如房租能减低一点我就继续租下去,但恐怕很难,别的租户也曾经交涉过都没成功。许多人对我说房东是一位很难对付的人。可是我自己心中说:'我正在学习如何待人这一课,所以我将要在他身上试一下,看看有无效果。'"

"结果,房东接到我的信后,便带着他的租赁契约来找我,我在家亲切招待他。一开始并不说房租太贵,我先说如何喜欢他的房子,请相信我,我确是'真诚的赞美'。我表示佩服他管理这些房产的本领,并且说我真想再续租一年,但是我负担不起房租。"

"他好像从来不曾听见过房客对他这样说过话。他简直不知道该怎样处置。随后他对我讲了他的难处,以前有一位房客给他写过40封信,有些话简直等于侮辱,又有一位房客恐吓他说,假如他不能让楼上住的一个房客在夜间停止打鼾,就要把房租契约撕碎。他对我说:'有一位像你这样的房客,心里是多么舒服。'继之不等我开口,他就替我减去一点房租。我想要多减点,因此就说出所能负担的房租数目来,他二话不说就答应了。"

"临走的时候，他又转身问我房子有没有应该装修的地方。假如我也用别的房客的方法要求他减房租，我敢说肯定也会像别人一样遭到失败。我之所以胜利，全靠这种友好、同情、赞赏的方法。"

说到底，忠告的根本出发点是为了对方好。因此，要让对方明白你的一番好意，就必须谨慎行事，不可疏忽大意，随便草率。此外，讲话时态度一定要谦和诚恳，用语不能激烈，也不必过于委婉，否则对方就会产生你教训他、你假惺惺的反感情绪。

一位丈夫对不不修边幅的妻子提出忠告：

"我说，你看邻居张先生的老婆哪天不是整整齐齐的，而你总是不修边幅，你就不能学学人家的好样吗？"

妻子往往会反击：

"学学人家？你的收入有人家丈夫多吗？你有了钱，难道我还不会打扮？"

虽然妻子明明知道自己的弱点，但出于自尊心，她没好气地回敬丈夫。丈夫的忠告失败了。

选择适当的场合和时机，是忠告的重要要素。原则上讲，提出忠告时，最好以一对一，就事论事，千万不能伤害对方的自尊。

有位商人受同事妻子委托，劝说该同事戒酒。一天，这位商人正在酒馆里喝酒，刚好那个同事进来，于是这位商人马上劝告说："你不能喝酒，一喝就耍酒疯，谁也受不了！"那个同事听了气愤地说："好啊，你瞧不起我！我有钱，我就喝，谁也管不着！"说着便掏钱买了菜和酒，赌气地大喝起来。这位商人劝告失败的原因，就在于所选的时间、地点不对，造成了说话内容与说话时机之间的尖锐矛盾。如果换个场合相劝，也许会成功，至少不会使对方误解或反感。

提出忠告的最佳效果是让对方乐意接受你的忠告，使之成为一种力

量。做到这一点不容易,总的来说,我们要注意以下原则:

真诚,站在对方的立场上;适度,把握好言语的分寸;理解,表示对方情有可原;切勿指责,尽量先肯定后指正;委婉暗示,旁敲侧击;分清场合,选准时机;分清对象。

才能不必傲尽，
留三分余地与人，留些内涵与己

人际关系有三个破坏因素：锋芒毕露、自负和轻率。

一个人锋芒毕露，其人际关系不可能好。很多人都有这个毛病，到哪里都要变成焦点，别人讲话他要插嘴，对什么事情都有意见……这些都是锋芒毕露的表现。锋芒毕露不一定会出人头地，因为所有的人都会找机会把你的锋芒除掉。很多人年轻时有棱有角，后来却变得很圆滑，就是因为受了很多打击。

◎ 傲慢是内涵太浅薄的直接体现

一个人，无论你已取得成功或是还没有出师下山，其实都应该谨慎平稳，不惹周围人不快，尤其不能得意忘形狂态尽露。特别是年轻人初出茅庐，往往年轻气盛，这方面尤其应当注意。因此心气决定着你的形态，形态影响着你的事业。

人们所称道的谦虚不单是做人的美德，也是干事业做学问必须恪守的一条原则。但谦虚不是照搬人家的成功经验，更不是对别人言听计从，没有自己的主见，而是学习人家的长处来丰富自己，进而形成自己的个性和风格，创建自己的思想体系。

谦虚是一种以退为进的人生谋略。天下之大，非人的才力可以掌握。比如一个人埋头看书，即使每天不吃不睡不玩，而且坚持看到 100 岁，在一般人眼里可能算是博览群书，知识渊博了。但是只世上的书籍就浩如烟海，无穷无尽。他所看过的书与之相比，只能为九牛之一毛，大海之一粟。再如，就中国而言，地大物博，仅名山名川就有千百之多，从阅历上讲，没有人能踏遍中国的每一寸土地，即使徐霞客复生也不行。所以，先贤总结出一句话："天下无穷进境，多从'不自足'三字做起。"

一些人自恃地位高贵、知识丰富、阅历广泛，因而目空一切，压根儿就瞧不起别人，表现出一股不可一世的傲气。对付这种傲气者只要巧妙地设置一个难题，就可抑制其傲气，这是因为不管其知识多么丰富，阅历多么广泛，在这个大千世界里都毕竟是有限的，而其一旦发现自己也存在着知识缺陷，其傲气自然就会烟消云散了。

在一次国际会议期间，一位西方外交官非常傲慢地对中国一位代表提出一个问题："阁下在西方逗留了一段时间，不知是否对西方有了一点开明的认识。"显然，这位外交官是以傲慢的态度嘲笑中国代表的无知。中国代表淡然一笑回答道："我是在西方接受教育的，四十年前我在巴黎受过高等教育，我对西方的了解可能比别人少不了多少。现在请问你对东方了解多少？"而对中国代表的提问，那位外交官茫然不知所措，满脸窘态，其傲气荡然无存了。

显然，中国代表所提出的问题，那位自以为知识丰富而满身傲气的外交官是无法回答的，因为他不了解东方的情况，因此不但没有显示自己丰富的知识，反而暴露了自己的无知，因此，还有什么傲气可言呢？

要有所成就，就要摆正自己的位置。不能骄傲自满，不能鄙视他人，对自己的短处和不足有高度的自觉，永远以自己的短处和他人的长处相比较，虚心向他人学习，以不断充实完善自己。

汉代冯异自幼好学，熟读《左氏春秋》、《孙子兵法》等书，归附刘秀的起义军之后，很快就崭露头角。

冯异既有统率正规部队和治理郡县的才能与素养，又具备良好的作风。首先，他为人谦逊，在路上与其他将军邂逅时，他总是先引车让路。其次，他率领的队伍整齐，进止皆有规矩，成为刘秀全军的模范。特别在每次战役结束后，部队要驻扎休整，将军们大多围坐争功论赏，独有冯异从不居功自傲，总是只身一人坐在大树下默默无言地思考战斗的经验教训。久而久之，人们看到他这种与众不同的作风，便称呼他"大树将军"。当他们攻破邯郸后，刘秀准备把收集的散卒分配给诸将，结果，兵士们都踊跃地报名，自愿归"大树将军"麾下。这种士卒们自发的爱戴之心，不仅使刘秀十分器重冯异，而且使"大树将军"这个称呼迅速在全军中传播开来。他们认为"大树将军"不单不居功自傲，而且把功劳归予众将士，所以获得了将士们的亲附。

不骄傲，不自满，谦虚使人进步。在现实生活中，有的人才思过人，能力很强，但一说话就给人一种趾高气扬的感觉，总喜欢表现自己，总想让别人知道自己的能力，处处想显示自己的优越感，从而能获得他人的敬佩和认可，可结果却往往适得其反，失掉了自己的威信，别人也很难接受他的任何观点和建议，因此，也就更无从谈起取他人之长了。尤其是对于那些刚刚走上一个陌生岗位的人，不应当过早地暴露自己，应当谦虚，从他人身上学到对你更有益的东西，当你默默无闻的时候，你会因一点成绩一鸣惊人，同时也增加了你的人气，这就是深藏不露的好处。

对待不同的人，也有不同的要求。如对待上级，有时需表现得谦虚一些，一则给上级以应有的尊敬，可以得到信任，二则说明对自己的位置有清醒的认识，更能认真对待本职工作。对待同事，在平等的基础上显出谦逊的姿态，有利于缓和关系，化解矛盾。对待下属，一定的谦虚是必要的，特别是在下属提出要求或建议时，保持宽大胸怀，谦逊地聆听，是取信于下属的较好方式。在社交场合，谦虚是一种礼节，自然也不可少。但所有这些，都有一个大前提，那就是尊重。谦虚本来是要尊重他人而最终目的是要使自己也获得他人的尊重。因此，自尊是谦虚的基本前提。但是太过于谦虚，甚至于卑躬屈膝，不仅不会获得别人的尊重，反而会适得其反。

温良恭俭让永不过时

谦逊和低调,是中国人的传统,也是古代圣贤们的一种重要美德。

孔子的弟子子禽向子贡问道:"我们的老师每到一个国家,一定能听得那个国家的政事,这是求来的呢?还是人家主动告诉他的呢?"子贡说:"老师是靠温和、善良、恭谨、节制、谦让而得到的。我们的老师获知各国政事的方法,和一般人决不一样啊!"

孔子带领弟子们游历各国,对每个国家的行政方针、风土人情都了解得很清楚。这不是一味跟在人家身边追问而得到的,孔子身上的种种高贵品格,像磁石一般吸引了各国的君主臣民,所以人们都主动向他敞开了心怀。

千百年来,温、良、恭、俭、让成为我国知识分子传统的性格特征。今天的社会,被称为经济时代、数码时代,那么这种品性是否还有其现实意义呢?

某公司一个重要部门的经理要离职了,董事长决定要找一位德才兼备的人来接替这个位置,但连续来应征的几个人都没有通过董事长的"考试"。

这天,一位30岁的留美博士前来应征,董事长却通知他凌晨3点去自己家考试。这位青年凌晨3点准时去按董事长家的门铃,却未见人来开门,一直到8点钟,董事长才让他进门。

考的题目由董事长口述,董事长问他:"你会写字吗?"年轻人说:"会。"

董事长拿出一张白纸说:"请你写一个白饭的'白'字。"

他写完了,却等不到下一题,于是疑惑地问:"就这样吗?"

董事长静静地看着他,回答道:"对!考完了!"

第二天,董事长在董事会上宣布,该年轻人通过了考试,而且是一项严格的考试。

他说明："一个这么年轻的博士，他的聪明与学问一定不成问题，所以我要考其他更难的。首先，我考他的牺牲精神，我要他牺牲睡眠，半夜3点钟来参加公司的应考，他做到了；我又考他的忍耐力，要他空等5个小时，他也做到了；我又考他的脾气，看他是否能够不发火，他也做到了；最后，我考他谦虚的态度，我只拿5岁小孩都会写的字来考堂堂一个博士，他也肯写。一个人已有了博士学位，又有各种良好的品质，这样德才兼备的人，还有什么好挑剔的呢？因此，我决定任用他。"

有一句话叫做"重剑无锋"。真正有分量的剑不需要锋芒毕露，最美的玉发出最柔和的光。在当今社会，有些人丝毫不知道收敛自己，自高自大，处处张扬，好像这个世界数他最能，最有本事，其实，这不是个性，而是愚蠢。到头来只能是搬起石头砸自己的脚，自作自受。

为人，应当养成谦虚礼让的美德，这不仅是有修养的表现，也是生存发展的谋略。巧妙的掩饰之所以是赢得赞扬的最佳途径，是因为人们对不了解的事物总抱有好奇心，不要一下子展现你全部的本事，一步一步来，才能吸引别人，最终获得扎实的成功。倘若你志得意满时趾高气扬、目空一切、不可一世，这样不被别人当靶子打才怪呢！所以，无论你有如何出众的才智或高远的志向，都要时刻谨记：心高不可气傲，不要把自己看得太了不起，不要把自己看得太重要，必须审时度势，尽量收敛起锋芒，以免惹火烧身。

陆和李是同一名牌大学的毕业生，他们的成绩都很优秀。两人分配到同一家单位。一年以后，陆提升为部门主管，李则调到公司下属的一家机构，地位明升实降，因为没有任何实权。为什么？

原来，他们分配到该单位后，领导各交给他们一件工作。陆在分析调查之后，提出了若干方案给领导看，又向领导逐条分析利弊，最后向领导请教用哪个方案。这时，领导对他的分析已经很信服，当然采取了他所推荐的那个方案。然后，他又问领导如何具体实施。领导说：你自己放手干吧，年轻人比我们有干劲。陆连忙说，自己刚来，一切都不熟悉，还得多听领导的意见。因为陆的态度谦恭，意见又提得到位，领导很满意，当即向几个部门的头头打电话，让他们大力协助小陆的工作。因为有了领导的交代，小陆在实施自己的方案时又时时注意与各部门人员协调，他的工作完成得又快又好。

小李呢？他也做了精心的准备，方案也设计得十分到位。但他一心沉浸在工作的热情中，全然不记得要向领导请示一下。领导是开明的，既然说过让他全权处理，自然也不干涉，但也没有和下面人交代什么。等到小李把自己的计划付之于实践，各部门人员见他是新来的，免不了有些怠慢，小李心直口快，与某人顶了起来，这可惹了麻烦，因为这人正是公司总经理的亲信。后果可想而知，他的工作处处受阻，最后计划中途流产。

有人因为害羞而不敢向领导请教，有人因为自傲不愿向领导请教，有人害怕向领导请教会显出自己没水平。其实这些顾虑大可不必，多思勤问的人总是会得到领导的重视，一则，你的提问显出你对工作的热情和思考；二则，你的提问显出你的谦虚和诚恳。如此做事谁会不喜欢呢？

在我们这个讲究个性化的时代，温良、节制等传统美德依然不会失去它的市场。在生活和事业中，我们提倡竞争精神，但不是说你必须时刻摆出一副强人的姿态来。进取是一种内心的力量，如果一开始就表现出你个性里的锋芒来，只能使人敬而远之。再大的事业，都是一点点积累的，我们可以通过对品行的修炼，对社会规范的秉持，来培养自己的人格魅力。当周围的人都对你认可的时候，你就拥有了自己的舞台，你的才能就能得到最大的施展。

◎ 什么时候，都要给自己留点儿"后退"的余地

在今天高度竞争的社会里，虽然我们应该相信人们是友好的，但是这并不是说不存在心怀叵测的人，有些时候别人对你的明枪暗箭，你会防不胜防。知道收敛自己，懂得守住自己的一亩三分地，该争须争，当退则退。能够掌握做事情的进度，对我们来说是很有用的。懂得收敛就更是人生的一大智慧。

荀攸是三国时曹魏阵营里著名的谋士，他在朝二十余年，能够从容自如地处理政治漩涡中上下左右的复杂关系，在极其残酷的人事倾轧中，始终地位稳定，立于不败之地。荀攸是如何安身的呢？曹操说他"外愚内智，外怯内勇，外弱内强，不伐善，无施劳，智可及，愚不可及，虽颜子、宁武不能过也"。什么意思呢？就是说他谋略智慧过人，作战奋勇当先，做事不屈不挠。但他对曹操、对同僚，却不露锋芒、不争高下，把自己表现得总是很谦卑、文弱、愚钝。因为他知道伴君如伴虎，处处收敛自己。结果在二十多年中深受曹操宠信。

所谓"花要半开，酒要半醉"，凡是娇艳盛开的鲜花，也就预示着衰败的开始。有些人不知收敛，精明过头，才落得个惨败的下场。能取得名位很重要，能懂收敛，获得圆满更重要。很多人在社会上能如鱼得水，其实就是因为他们深知"收敛"的道理。收敛不是说故步自封、停滞不前，而是说要恰到好处、点到为止。

宋仁宗时，王旦任宰相。他虽不是像魏征、吕蒙正那样的名相，但其在人品上也堪称楷模。寇准本是王旦一手提拔起来的，但寇准出于嫉妒之心，总是在仁宗面前说王旦的坏话。而每当仁宗问王旦谁最称职时，王旦却总是称赞寇准。宋仁宗感到不解，问："为什么寇准反而总是挑你的毛病呢？"王旦说："臣在相位久了，政事一定有许多不足之处。寇准将其所见反映给陛下，正见其忠

直。也正是如此，臣才看重他。"仁宗听后，更加佩服他的为人。

有一次，王旦写的诏书违反了规矩，寇准见到后立即送到仁宗那里，致使王旦和相关的许多人受到不同程度的惩罚。巧的是没过几天，寇准起草的诏书也违反了规矩。王旦的手下人以为有了报仇之机，就把诏书拿给王旦。王旦看后却把诏书送回到寇准那里，让其重写。寇准非常惭愧，见了王旦说："你有如此大的度量，真让我自愧不如呀！"王旦为相，从未露过锋芒，百官却对其敬佩有加，这不正是他善于收敛自己的结果吗？

一个人在社会上能达到什么样的高度，是一个循序渐进的过程。功利之心太重，向上走的急切溢于言表，反而会被人看轻了。世界上有许多伟大人物，都是从当初的卑微中走出来的，世界之所以可以接纳他，是因为他的谦逊和诚恳。如果一个人一无所长而眼睛长在额角上，是找不到自己的座位的。

在日本，丰臣秀吉可以说是家喻户晓的人物。是他统一了日本，结束了日本长期藩镇割据的形势，成了日本的英雄。

丰臣秀吉出生于一个贫苦农民家庭，少年丧父，流落于江湖。

直到 1558 年，他在路上遇到名古屋的领主织田信长，情况才有改变。当时他对着信长大喊，信长勒马问："你有什么事相求？"他说道：

"想请您让我做您的家臣！"

"什么理由呢？"

"我想跟随能称雄天下的贤主。"

"你的武艺如何？"

"低劣。"

"学问呢？"

"没有。"

"才智呢？"

"自以为并不比别人强。"

"那么，你究竟有什么专长呢？"

"并没有专长。"

"哦！很老实嘛！那你凭什么追随我呢？"

"真心。"

信长于是收留了他。

丰臣秀吉在信长手下，从最低级士兵做起，信长因为喜欢他聪明，加以重用，后来他终于成了统一日本的英雄。

谈理想、论英雄也是需要资格的，在更多的时候，我们应该把梦想藏在心里，埋头耕耘，让成绩说话。

人有个性不要紧，但这不代表我们就可以肆无忌惮地表现自己。比如说在职业场所，打工就安心打工，雄心壮志回去和家人、朋友说。有些人会认为对事业有想法是进取心的表现，其实它的负面影响会使我们得不偿失。如果你时不时就念叨"这一行我已很熟、另立门户也撑得起"、"35岁时我必须干到部门经理"，则很容易会被上司与同事看作是敌对者。

野心人人都有，但是位子有限。你公开自己的进取心，就等于公开向公司里的同僚挑战。以后你再接什么项目，拆台的人肯定会比捧场的多。一个人有价值是做出来的，不是说出来的，作风低调一些是绝对应当的。

在社会上、在职业场所甚至在我们的朋友圈子里，每个人都有自己的位置，有这个位置上的限制和规则。你的一言一行，必须和自己的身份相称。

得意不必恃尽，
留三分余地与人，留些后路与己

"风水轮流传"，我们每个人都可能有因为表现出色而坐在聚光灯下的时候。

人生得意本是一件好事，也是你大展宏图的一个好的契机。但是这时候我们要明白，这个位子你能坐上去，别人同样也能坐上去，为了不使自己跌下来的时候太难看，得意之时更要学会夹着尾巴做人。

◎ 得意到骄纵的时候，免不了挨打

《菜根谭》上曾描绘过这样一种境界：官爵不要太高，不一定要达到位极人臣，否则就容易陷入危险的境地；自己得意之事也不可过度，不能得意忘形，否则就会转为衰颓。

郑武公有两个儿子。他的夫人武姜讨厌大儿子，却对小儿子极尽偏爱，经常请求武公改立少子为继承人，不过武公没有答应。

武公死后，长子继位为庄公。在母亲的要求下，庄公把东方一个地势险要的大城封给了弟弟。武姜一心想让小儿子共叔段做郑国国君，两人便相约要里应外合，起兵推翻庄公。在母亲的授意下，共叔段开始积极地巩固军备，招兵买马，聚众贮粮，只待一举攻入都城，杀掉庄公，自立为王。

共叔段扩张势力的消息传回国都，臣下都劝庄公应预先防范。郑庄公为人城府极深，早知其弟心怀不轨，但考虑到弟弟还没有叛逆的具体行动，若自己先动手，反倒成了残害手足，落人话柄。于是庄公制止了臣下的发言，说：

"所谓'多行不义必自毙'，如果他真干了坏事，将来只有自取灭亡——不信的话，你们等着看吧。"

过了一阵子，有人禀报共叔段命令四周的边邑听从他的号令，臣属在他的势力下。庄公知道后点了点头，自有算计，装作不在意的样子。看到庄公闷不吭声，共叔段还以为他无能，就干脆占领了那些边邑。这时大臣又纷纷进言，一致建议出兵征讨。庄公认为时机还未成熟，故意沉下脸来，斥责大臣们说：

"少了几座城池算什么！我不愿违反母亲的心意，也不能伤害兄弟的情分啊！"

不久之后，共叔段城固粮足，兵甲充善，计划偷袭郑国都城，并串通好母亲武姜，由她打开城门作为内应。庄公表面上若无其事，其实暗中早已布置妥当，做了周全的准备。在探知他们即将发动叛乱的消息后，终于告诉臣下说：

"现在可以动手了。"便调集大军，前往攻伐。

共叔段没料到庄公先发制人，因此还没举兵就失败了，仓惶逃往共城。共城是共叔段自己的属地，但城小兵微，耐不住庄公大军压境，没多久便告失陷。共叔段见大势已去，再无后路，便拔剑自杀了。

郑庄公面对弟弟共叔段的夺位企图看似不动声色，实际上是在寻找及建立战场的制高点。换句话说，他必须在两件事上面掌握优势：

其一，在舆论上取得优势。身为一国之君，掌有强大的军队，要消灭心怀不轨的弟弟简直易如反掌。但因为天下人不知他弟弟的意图，因此若主动攻击，会落人话柄，说他不能容忍他弟弟，这对他的统治权威是有影响的。因此他让弟弟由偷偷摸摸而明目张胆地做叛乱准备，主要是为了收集证据,取得舆论的优势,建立他日攻打弟弟时的正当性。

其二,在战术上取得优势。郑庄公以鸭子划水的若无其事制造他弟弟对他的错误判断,认为他无能,因而起了骄慢之心并降低警觉性——这两者都是兵家大忌!而一切都在庄公掌握之中,因此不费吹灰之力便解决了他弟弟的叛乱企图。

如果一个人眼中只有一己私利,趁自己有权有势的得意之时,不顾国家、百姓的利益,只盯在钱、权上,遇事贪欲过重,则会被人利用这一弱点被打败。忍贪是明智的表现。而"欲擒故纵"则是击败贪者的制胜之道。

春秋末年,晋国有一个当权的贵族叫智伯。他虽名叫智伯,其实一点都不聪明,相反,却是个蛮横不讲道理、贪得无厌的人。他自己本来有很大一块封地,他还嫌不够。有一回,他平白无故地向魏宣子索要土地。

魏宣子也是晋国一个贵族,他很讨厌智伯的这种行为,不肯给他土地。他的一个臣子叫任章,很有心计。任章对宣子说:"您最好给智伯土地。"

宣子不理解,问:"我凭什么要白白地送给他土地呢?"

任章说:"他无理求地,一定会引起邻国的恐惧,邻国都会讨厌他。他如此利欲熏心,一定会不知满足,到处伸手,这样便会引起整个天下的忧虑。您给了他土地,他就会更加骄横起来,以为别人都怕他,他也就更加轻视他的对手,而更肆无忌惮地骚扰别人。那么他的邻国就会因为害怕他、讨厌他而联合起来对付他,那他便不能这样长久骄横下去了。"

任章说到这里,停顿了一下,见宣子点头称是,似有所悟,便又接着说:"《周书》上说,'将要打败他,一定要暂且给他一点帮助;将要夺取他,一定要暂且给他一点甜头',说的就是这个道理。所以,我说您还不如给他一点土地,让他更骄横起来。

再说,您现在不给他土地,他就会把您当作他的靶子,向您发动进攻。您还不如让天下人都与他为敌,使他成为众矢之的。"

宣子听后非常高兴,马上改变了主意,割让了一大块土地给智伯。

智伯尝到了不战而获的甜头,接下来,便伸手向赵国要土地。赵国不答应,他便派兵围困晋阳,把赵国包围了。这时,韩、魏联合,趁机从外面攻进去,赵在里面接应,里应外合,内外夹攻,智伯便灭亡了。

如果一个人贪得无厌,总是提出无理的要求,我们要打击他,那么请注意不要操之过急。首先,要以退避保存实力,获得舆论的支持。当把对手惯得嚣张跋扈,旁观者都看不下去的时候,才可以顺风行船,干净漂亮地赢得这一场战争。如此,才会胜得没有后患。

◎ 能捧自己,也要敢嘲笑自己

中国之大,狂人却不多,可能是自古以来,人们都讲究谦君子之风,不敢太出格的缘故吧。三国时期的祢衡,是个少见的异类。祢衡最经典的狂言,是评论曹操帐下的文臣武将,将他们贬得一钱不值:"荀彧可使吊丧问疾,荀攸可使看坟守墓,程昱可使关门闭户,郭嘉可使白词念赋,张辽可使击鼓鸣金,许褚可使牧牛放马,乐进可使取状读诏,李典可使传书送檄,吕虔可使磨刀铸剑,满宠可使饮酒食糟,于禁可使负版筑墙,徐晃可使屠猪杀狗;夏侯惇称为'完体将军',曹子孝呼为'要钱太守'。其余皆是衣架、饭囊、酒桶、肉袋耳!"而祢衡对自己的评价,却又是无限的高:"天文地理,无一不通;三教九流,无所不晓;上可以致君为尧、舜,下可以配德于孔、颜。岂与俗子共论乎!"反正除了三皇五帝,孔圣人师徒,世间就没人配和祢衡相提并论。

可惜在祢衡的时代，狂人是没有市场的，他激怒了曹操，被曹操以借刀杀人之计遣送到刘表那里。祢衡本色依旧，又骂刘表的部将黄祖为尸位素餐的木人土偶，终于被黄祖一刀杀了。

祢衡的教训太残酷，所以后世的狂人，都稍稍收敛了自己的气焰，不太敢在人面前表现了。如今社会环境宽松，一些有成就的人物重新开始抬头。

2001～2002年，香港大学经济金融学院院长张五常在内地20多家大学举行巡回演讲，掀起了一阵张五常旋风。在演讲中，教授每每有惊人之语，更不吝对自己公开夸耀。不少网友将他的话整理成了张五常语录：

"我是洛杉矶加州大学最后一个不必修微积分课程而得到经济学博士学位的人。"

"我搞了40年学问了，我从来没有看错过。1981年我就预测过中国的发展，白纸黑字；1986年我发表文章《日本大势已去》；1988年，加拿大人问我，他们的经济何时复苏，我说最早要到下个世纪初；1996年我说香港要有10年的经济不景气。"

"我30多年没有读书了。不读，不是懒得读，更不是没有书值得读，而是刻意不读。我的实践学术生涯是从不再读书的30多年前开始的。"

这种自我夸耀收到了两方面的效果：一方面，张五常很快成为一个"学术明星"，每一场演讲都是座无虚席，掌声雷动，听者连呼过瘾。另一方面，多位年轻的经济学者发文批评他太"狂妄"、有自恋倾向，借科斯、弗里德曼这些诺贝尔奖得主抬高自己，以格言论误导学生。

张五常确实"狂"。他将自己的优势都公开地表露出来，树大招风，引发一些同行的嫉恨在所难免。另外，媒体的公开传播，在抬高他的知名度的同时，也诱发他人进行攻击的意愿。

张五常剑走偏锋，以狂言加重自己存在的分量，也可以算成一种提升身价的快捷方式。这里面的问题是，在狂言中塑造形象，再一再二不可再三，否则，公众就可能由新奇变为厌倦。上世纪八九十年代，刘晓庆说自己是中国最好的女演员时，虽然遭受了无数的抨击，但人们还是从心底里赞同她的勇气，毕竟，她说出了许多人蠢蠢欲动、不敢言明的心思。可惜刘晓庆没有就此打住，一句话翻来覆去地嚼，又加了许多的注解，证明自己最光彩、最优秀、最伟大，于是把大家说烦了，送她一个"不断地靠狂言证实自己的过气明星"的定位。以后再有女明星说最崇拜的人是自己时，人们往往会波澜不惊，反而会挑剔她没有新意。

人如果太谦卑了，除非你有特别的才华，否则还真不容易发出自己的声音。狂妄过头，也遭人鄙薄。折中的方案是：做个狂人也可以，但是在适当的时候，你必须要不惮于自嘲，在公众面前，展现自己的风格气度。

范曾是我国当代的人物画大师，他的书画造诣声名远播，他的口才也是闻名遐迩的。

香港凤凰卫视将范曾于2002年3月"世纪大讲堂"栏目所做的"大美无言"的演讲，评为该栏目"50期以来最轰动、最成功的演讲"。他的演讲雄辩而不失幽默，自信而略带疏狂，倾倒了所有的听众。有记者就傲气问题采访范曾时，他说："我认为这个傲气不过是别人的观感，对我自己来讲，仅仅是从我所好，我行我素而已。别人以为我傲气呢，总有他的原因，比如我曾经说过，'我的白描功力可以说国内无出其右者'，报纸上登出来了，说范曾太狂了。其实，这是个事实嘛，这怎么叫骄傲呢！我觉得一个实事求是的人，应该受到尊重，不应该受到批评。"

如果范曾在所有的场合都一狂到底，他的形象就要大打折扣了，好在他还时有真诚幽默的性情流露。

在国际数学大师陈省身执教五十周年的纪念会上，应邀出席的范曾，曾作过一次别致的发言：

"你们知道今天参加大会的人，谁的数学最差？就是在下！数学是什么，它无声、无香、无味、无触、无法，它摸不着看不见说不清却无处不在，——纤维丛是什么？我问过胡国定教授，他说纤维丛是什么很难说清，后来我又问杨乐，杨乐说，它到底是什么，说了你也不懂。"

大家忍俊不禁，而陈省身先生竟笑得连眼泪都流出来了。

范曾是个大画家，即使对数学是门外汉，也不影响他高超的画艺。于是，他用自己对数学的一窍不通同陈省身的博大精深作比较，用自嘲来表达对陈老的崇敬，在诸位数学家那里，赢得了好感。

狂傲谁都会，难得的是能放能收，否则，一路高歌猛进，难免有被大风闪了舌头的时候。

◎ 不必总拿自己当个人物

当一个人的内心足够强大、充分认识到自己人生的目标和责任时，他就可以平淡地看待外界的名利荣辱，才能随遇而安，适可而止，知足常乐。不为虚名所累，就是一切以人为本，该怎么做就怎么做，该追求自己的人生目标，就不要被眼前的花环、桂冠挡住了前面的道路，你应该毫不犹豫地抛开这一切身外之物，走自己的路，干自己的事，不因小成就妨碍自己的大成功，这样，才能使你获得真正的荣誉。

第十四届韩国棋圣战五番棋决赛第五局比赛在韩国棋院结束，李昌镐以三比二击败了他的恩师曹薰铉，实现了十一连冠。赛后接受记者采访时，他却不知道这已是他连续第六次在棋圣挑战赛中击败恩师了，对十一连冠更是浑然不知。他说："我从来没有特意去记住在哪个比赛中和谁下过棋，或者是第几次夺冠……"原来，在李昌镐的心中，根本就没有任何"霸业"，他所想的只是把棋下得更好。

李昌镐，28岁，但已经称雄棋坛十余年，被称作"世界围棋第一人"。行家说：论天分，很多棋手与李昌镐不相上下；论棋力，也有不少棋手与之难以分伯仲。那么，他们这些人为何屡屡败于李昌镐呢？原因就在李昌镐的绰号上——石佛。无论面前的阵势是优是劣，李昌镐都如泥塑石雕一般，心中只有棋，无意身外事。这种定力，是棋谱中找不到、棋院里也学不到的。保持自我宁静，集中思想可使我们消除与思想毫不相干的念头，这样就达到了通常所说的"专注"的境地。当一个人"专注"地去做一件事时，沉浸在自己的天地里，不会为过去的种种光环所左右，对于以往所有的成功，既不能让别人给"捧杀"了，更不能被自己所"捧杀"。保持宁静，就是走向成功。

内心淡定，不但要求一个人在鲜花掌声中不昏头，同时在困窘之中也要保持自己的风骨，切忌一遭打击，就垂头丧气，破罐子破摔。

张伯驹是民国四公子之一，出身名门世家，又有绝高的艺术修养，几乎占尽人间风流。他中年后遭遇家国之变和"文革"的冲击，历经重重波折，但一直保持着自己固有的生活节奏。

1995年5月，黄永玉先生出版画册，其中有一幅《大家张伯驹先生印象》：1982年初，黄永玉携妻儿在莫斯科餐厅吃饭，"忽见伯驹先生蹒跚而来，孤寂索寞，坐于小偏桌旁。餐至，红菜汤一盆，面包果酱，小碟黄油两小块。先生缓慢从容，品味红菜汤毕，小心自口袋取出小毛巾一方，将抹上果酱及黄油之4片面包细心裹就，提小包自人丛缓缓隐去……"

学者王世襄也感慨：实在使人难以想象，曾用4万块现大洋购买《平复帖》、黄金220两购得《游春图》，并于1955年将8件国之重宝捐赠给国家的张伯驹先生及夫人竟一贫如洗到如此地步！他十分赞赏黄永玉为张伯驹下的论断——"富不骄，贫能安，临危不惧，见辱不惊……真大忍人也！"

宠辱不惊，是一种阅历繁华之后的恬静和冲淡，是一种笑看人生风云变幻的洒脱，同时也是一种遇事镇静沉着的稳健和气度。急于出头露面，急于做出政绩，急于出众，这是许多人在社会上的表现。这是一种思想不成熟的表现。古往今来，能成大业的人，有时干出轰轰烈烈的壮举，有时也可能一败涂地，不管是顺境还是逆境，他们往往心态平和，泰然处之。得意时不张狂，失意时不怨恨，这是一种智慧，更是一种境界。

有一句话是这样说的："20岁时，我们顾虑别人对我们的想法；40岁时，我们不理会别人对我们的想法；60岁时，我们发现别人根本就没有想到我们。"这并不是人生中的消极态度，而是一种积极的人生哲学——学会放弃内心里的顾虑，我们才能轻松愉快地走自己的路。

对于现实生活里的小人物，宠辱不惊的另一层意义，是以这种人生的大境界，来化解做人处世的小烦恼。

生活中常有这样的场景：

你的西装上，不小心蹭上了一点污渍，于是整个下午你都非常尴尬，唯恐有同事发现你身上的不雅之处。其实，他们都在忙自己的事儿，没有谁会过分关注你。

在会议中，你发言的时候有些紧张，一开头竟然结巴了两句，于是你一直非常懊恼，以为领导会因此看轻了你的实力。其实，他考虑的是整体方案的优劣，根本就没有注意到你的言辞及风度。

在生活中，每个人关心的重点都是和自己切实相关的事儿，根本不会注意别人身上小小的异常。我们大部分人只是自己心中的主角，对于别人来说无关紧要。这并不是一种悲哀，它可以提示我们要轻松自在地往前走，要知道，很多烦恼都是自己给自己制造的。

当我们知道自己并不是生活的中心人物时，会有几分失落，但同时会丢掉包袱，轻装上阵。

气势不必倚尽，
留三分余地与人，留些厚德与己

有句俗话叫做"但余方寸地，留与子孙耕"。这里的"方寸地"，就是留给自己的生存与发展的"余地"。如果我们只知道趁风头正劲的时候盲目地开发，拼命地掠夺，无节制地浪费，那么，自己的路就走绝了。

福祸无门，唯自招之。无论任何时代，争强好胜，言行不谨，都很容易招来嫉妒和仇怨。

◎ 种瓜得瓜，种豆得豆

与人方便，自己方便，做人不要做绝，做事要留后路。如果做人做得太绝，即便是遇到凶险也不会有人怜惜你，他们会认为你咎由自取、自作自受。这样无形中就把自己逼进了死胡同，恐怕连退路也没有了。

有一个国王带着随从去打猎，却在森林中碰上狂风暴雨，国王意外地落了单，迷了路。他又饿又累，在森林中打转。后来，他看到了一家农舍，就上前敲门，可没有人开门，便试着推那扇摇摇欲坠的门，门开了，可农夫却露出不友善的脸，对他大喊："走开！走开！你要是不立刻走开，那么我就叫狗来！"国王恳求他息怒，农夫却更生气了，并把国王推出了茅屋。

国王无奈地冒雨离去了，幸好碰到了一对商旅，最终才平安地返回到宫中。三天以后，国王派人召唤农夫，农夫惶恐不已，自忖道："我不认识国王，他为什么找我？"到了王宫，国王头戴王冠，手拿令牌，坐在宝座上，一句话也未说就死死盯着农夫看,尔后便问他:"你认识我吗?"这句话使农夫大惊失色,几乎要晕厥过去。

在我们有能力的同时,要记得为别人留一盏光明而温暖的灯。在处世过程中,要适可而止,别赶尽杀绝,千万不要把事情做绝,断了自己的后路。

狼从树林里冲出来,经过村庄。为了保全性命,它惶恐地奔跑,猎人和大群猎狗从后面紧紧地追上来。

它本来想随便溜进哪一家去躲藏,然而家家户户的门都关着。它看见一只猫蹲在院子的篱笆上,就向猫哀求:

"亲爱的,请你告诉我,这儿的农夫谁最和善,谁肯搭救我,让我躲避凶恶的敌人?你听听好可怕的号角声,那狗叫声,它们都是在追我呀!"

"如果我是你,我就去求斯杰潘,再也没有比他更和善的人了。是的,斯杰潘一定会帮忙的!"

"是吗?可是我以前偷过他一只羊。"

"那么到杰米扬那儿去试试看。"

"我恐怕杰米扬也要跟我生气,不久以前我逮过他的山羊。"

"那么,你赶快到隔壁的特罗菲姆那儿去吧。"

"到特罗菲姆那儿去?不!我不敢去,咳,自从去年春天以来,他一直在逼我还他的小羊羔呢。"

"那真是糟了!你不妨到克里姆那儿去碰碰运气。"

"唉,我偷过克里姆的牛,而且把牛吃掉了。"

"这样看起来,我的朋友,没有一家你不曾得罪过。"猫对颤抖着的狼说:"可不是吗?你在这儿大概是不会得到保护的了!种瓜得瓜,种豆得豆,你做了恶事,就得收恶果!"

在这个故事中,狼由于平时做事做得太绝,断了自己所有的后路,以

至于面临险境时，孤立无援，只好品尝自己酿造的苦果。

为别人提供有益的服务，善意地对待别人，对自己一定会有帮助。相反，处心积虑地伤害别人，自己也得不到内心的平静。

现实生活中，许多人说话、做事都喜欢赶尽杀绝，不给别人留余地，以此来显示自己的"本事"，如此一来原本和谐的场面，搞得乌烟瘴气，使对方陷入尴尬中。其实，要想应付这样的人，就要让他亲自感受一下陷入尴尬局面的滋味。一旦他体会到其中的辛辣，再遇事时，也就能做到站在对方的立场上，替别人考虑了。

如果你的能力、财力等各个方面都要强于对方，换句话说，也就是你完全有能力收拾对方，这时，你更应该偃旗息鼓、适可而止。因为，以强欺弱，并不是光彩的行为，即使你把对方赶尽杀绝了，在别人眼里也不是个胜利者，而是一个无情无意之徒。

如果你根本没有战胜对方的把握，还一意孤行想把对方赶尽杀绝，无形中就相当于拿鸡蛋往石头上碰，更毫无意义可言。

这时，无论是强的一方，还是弱的一方都应该权衡利弊，适可而止，别再以牙还牙，不然只会使一方遭受打击，一方为自己树立一个敌人。

以气势压人，既损名声又丢实利

有一次，一只鼬鼠向狮子挑战，要同它决一雌雄。狮子果断地拒绝了。"怎么，"鼬鼠说，"你害怕吗？"

"非常害怕，"狮子说，"如果我答应你，你就可以得到曾与狮子比武的殊荣；而我呢，以后所有的动物都会耻笑我竟和鼬鼠打过架！"

你如果与一个不是在同一重量级的人争执不休，就会浪费自己的很多资源，降低人们对你的期望，并无意中提升了对方的层面。同样的，一个人对琐事的兴趣越大,对大事的兴趣就会越小,而非做不可的事越少。越少遭遇到真正的问题,他就越关心琐事。

威廉·詹姆斯说过:"明智的艺术就是清醒地知道该忽略什么样的艺术。"不要被不重要的人和事过多打搅,因为成功的秘诀就是抓住目标不放,而不把时间浪费在无谓的事情上。

2005 年底,一个叫胡戈的年轻人针对陈凯歌执导的新片《无极》,制作了一部搞笑的网络视频短片《一个馒头引发的血案》。短片在网络上发布后,一时观者如潮,各种评论纷至沓来。很多人都认为,陈凯歌不会与胡戈较真,至少不会直接跳出来批评他。胡戈本人也认为:"陈凯歌是有名的大导演,不会跟我一个无名小辈计较。"

但让人意想不到的是,陈凯歌为此大动肝火。2006 年 2 月 11 日,他在柏林机场接受采访时愤怒地表示:"我们已经起诉他了,我们一定要起诉,而且就这一问题要解决到底。"说完这句还觉得意犹未尽,又恨恨地抛下了一句话:"人不能无耻到这种地步!"一时间舆论大哗,陈凯歌的这句话被登上了国内各个娱乐媒体的头条。

陈凯歌发怒了,结果又如何呢?一向风度翩翩、才华出众的大导演,在人们心目中成了穷凶极恶的小人形象,而另一方面,托陈凯歌的福,胡戈出名了,据说当时就有人看好他,要出资请他拍片子。

这也怨不得旁人,陈凯歌自己太小气,你拍出新片,有人关注那是好事,一个后生小子说好道歹,难道就动摇了《无极》的江湖地位?人若沉不住气,招数就容易乱,自己的空门就会被人看破。其实在这种情况下,最好的选择是以静制动,看他能掀起几许风浪来。

1980 年美国总统大选期间,里根在一次关键的电视辩论中,面对竞选对手卡特对他在当演员时期的生活作风问题发起的蓄意攻击，丝毫没有愤怒的表示，只是微微一笑，诙谐地调侃说："你又来这一套了。"一时间引得听众哈哈大笑，反而把卡特推入尴尬的境地，从而为自己赢得了更多选民的信赖和支持。

真英雄之所以是真英雄，不仅在于他的勇猛或胆识，更在于他的肚量和策略，他不与小人一般见识，不逞一时之气。这不仅反映出他内心所拥有的真正昂扬的志气，而且显示出他的镇定和大度，心中不存争强斗胜、傲气逼人的狭隘思想。"老虎吃鸡，不是山中王"，这是一种大将风度。

更进一步地说，是以宽大仁慈之心对待挑衅者，还是计较各种是是非非，外人心里自有一杆秤。

周作人做官的时期，他以前的一个学生穷得没办法，找他帮忙谋个职业。

一次学生来拜访时，恰逢他屋有客，门房便挡了其驾。学生疑惑周作人在回避推托，气不打一处来，便站在门口耍起泼来，张口大骂，声音高得足以让里屋人也听得清清楚楚。谁也没想到，过了三五天，那位学生得到一个合适的职位上任了。

有人问周作人，他这样大骂你，你反而用他是何道理。周说，到别人门口骂人，这是多么难的事，可见他境况确实不好，太值得同情了。

当你遭受了额外的压力，不平的待遇，意外的损伤，要走上前去反击的时候，不妨先自问一下："要是我在他的处境之下，我会怎么做？"当我们知道人人都会有被情势所迫而做出不得当的举动、人人都有自己难言的苦衷时，就会不再对那些无关紧要的冲撞和误会念念不忘。这其实并不是多么困难的事儿，中国老百姓有句话叫做"将心比心"，说的就是这个道理。

◎ 架子不要端得太足了

人活一世，生存环境不断变迁，各种事情接踵而来，墨守成规、只认死理是无论如何都行不通的。而随机应变、机灵通达才是我们立足于世且能越来越好的做人法宝。

为大局着想，即使你正占上风，架子也绝不可摆过了。和谐的环境，本就是"你敬我一尺，我敬你一丈"地相互抬举起来的，若有人想把高傲进行到底，就随时有出局的可能。

清朝末年，尤五的漕帮，跟沙船帮本是解不开的对头。沙船帮的老大叫郁馥华，家住小南门内的乔家滨，以航行南北洋起家，发了好大一笔财。本来一个走海道，一个走运河，真所谓"河水不犯井水"，并无恩怨可言。但自从南漕海运以后，打碎漕帮的饭碗，情形就很不同了。两个帮派的人为了抢生意，经常发生械斗，成了一对冤家。

有一次两帮群殴，说起来，道理是尤五这面欠缺。但江湖事，江湖了，可郁馥华却听信了手下人的话，将尤五手下的几个弟兄，押到了上海县衙门。事后郁老大也醒悟是本帮先坏了江湖规矩，几次托人向尤五致意，希望修好。尤五置之不理，于是搞河运的与搞海运的打起了冷战。

这个时候，尤五那里出了点儿问题，他有一批救命的粮草急等着要通过海路运往杭州，这就首先需要尤五与郁老大言归于好。尤五只得主动登门拜访郁老大。对沙船帮来说，这却是求之不得的一件事，漕帮现今虽不如往日兴旺，但是"百足之虫，死而不僵"，势力圈子依然根深蒂固。如今一个向漕帮示好的机会送上门了，郁老大好好展示了一把他的江湖手段：

听得尤五驾到，郁老大急急赶回，正事不谈，先对他的儿子郁松年说道："你进去告诉你娘，尤五叔来了，做几样菜来请请尤五叔，要你娘亲手做。现成的‘糟钵头’拿来吃酒，我跟你尤五叔今天要好好叙一叙。”

尤五早就听说，郁馥华已是百万身价，起居豪奢，如今要他结发妻子下厨，亲手治馔款客，足见不以富贵骄人，这点像不忘贫贱之交的意思，倒着实感人，也就欣然接受了盛情。

摆上酒来，宾主相向而坐；郁馥华学做官家人的派头，子弟侍立执役，任凭尤五怎么说，郁松年就是不敢陪席。

江湖上讲究的是“受人一尺，还人一丈”，尤五见此光景，少不得也有一番推诚相与、谦虚退让的话交代。

多时宿怨，一旦消除，大伙儿都相当高兴。

对于尤五，这次造访原是情势所迫，本着折节降志的委屈来的，并非真心实意要与沙船帮做朋友。但是在郁府，郁老大却给足了他面子，假戏做了真时，也就暗暗地领了郁老大的好意，从此两帮之间，是不必水火相见的了。

人际交往中有一种僵持现象：彼此虽同处一个交际圈，但却为微妙心理所控制，双方关系长期处于对峙、僵持的黑色状态，谁也不肯或不愿主动改变这种现状。即使有着交际需要或愿望，也较劲弄气，支撑到底。它没有对立、对抗那么严重和公开，但却是交际中的一种消极现象，是必须克服的。

那么，如何打破这种僵局呢？

1. 主动交往不较劲

考察交际僵持现象，会注意到这么个事实，这种现象通常在两类人身上发生：一类是清高自大的人，一类是内向孤傲的人。

他们的显著特点是自以为是、自尊心强、自我封闭。要打破交际僵持局面，首先就要克服自我意识，树立开放思想，淡化“我”字，主动交往。

2. 及早打破僵局

交际僵持现象颇有点小家子气，谁也不愿正视，更不愿承认自己陷入其中，但它却实实在在地存在着。如果我们能透视其实质，一方面会为自己愚蠢荒唐的举动哑然失笑，另一方面会采取主动积极的方式，自觉与对方交际，并且视为自然，奉为圭臬。这样僵持的局面便冰消雪融。

3. 示好要巧妙

交际僵持局面是要打破的，但其本身有时十分微妙，其中还可能有一些不好明说细究的关系。此时的方式和技巧尤为重要，方式适宜、技巧圆润，就可以圆满达到目的。否则可能显得唐突，或者适得其反。一不能急于求成，二不能挑得太明，要在不动声色、逐步试探中改善关系，这才是切合实际的。

富贵不必享尽，
留三分余地与人，留些福泽与己

人生于世，光懂得如何建功立业还不够，更要紧的是懂得保全自己。在我们的一生中，可能有风光一时、万人瞩目的荣耀，也可能会遭遇有上天无路、入地无门的困窘。这就要求我们能够自如地把握好自己屈伸进退的节奏。知进退，可以使我们在面临人生大计的时候，保持警醒，从而做出恰如其分的选择。

◎ 花团锦簇的路上，危机其实更多

骑过自行车的人，大概都有这样的经验：伴着泥泞风雨的上坡路，一般不容易出现什么闪失。因为凡是在这种情况下，我们都会打起精神，提高警惕，再艰难的路，也会慢慢走过去。如果碰到平坦的大道，风和日丽的艳阳天，我们的心情也就不免轻松起来，一路高歌猛进之下，即使只是碰到一颗小石子，也有被绊倒的可能。

人在顺境中，其实比在逆境中潜伏着更多的危险，所以更应该引起我们的警惕之心。

"满招损，谦受益"，凡事做得太过了，就容易成为众人的靶子，若能谨慎一些，说不定倒暗合了那句"退步原来是向前"的古话。

东汉永元七年邓绥被选入官，成为汉和帝的贵人。第二年，另一个贵人阴氏身为贵戚被立为皇后。入官后邓绥格外谦卑谨慎，一举一动皆遵法度。对待与自己同等身份的人，邓绥常常礼让，即使是官人隶役，邓绥也不摆主子的谱。有一次，邓绥得了病。当时宫禁甚严，外人不得随便入宫，和帝特准邓绥的母亲兄弟进宫照顾，并且不做时间上的限制。邓绥知道后，便对和帝说："宫廷禁地，对外人限制极严，而让妾亲久留宫内很不合适，大家会说陛下私爱臣妾而不顾宫禁，也会说臣妾受陛下恩宠而不知足，这对陛下和臣妾都不好，我真不希望您这样做。"和帝听后非常感动，从此对邓绥更加宠爱了。

邓绥得到和帝越来越多的宠爱，不但没有骄傲，反而更加谦卑。她知道皇后的脾气，也隐隐约约感到皇后对她的忌恨，所以对皇后更加谦恭。每次皇帝举行宴会，别的嫔妃贵人都竞相打扮，花枝招展，服装艳丽，唯有邓绥身穿素服，丝毫没有装饰。当她发现自己所穿的衣服颜色有时与皇后相同时，立即就会更换。若与皇后同时觐见，从不敢正坐。和帝每次提问，邓绥总是让皇后先说，从不抢她的话头。

邓绥以自己的谦恭，进一步赢得了和帝的好感，也反衬出皇后阴氏的骄横。面对邓绥的一天天得宠，而自己一天天失宠，阴氏十分恼怒。永元十四年阴氏制造巫蛊之术，企图置邓绥于死地，不料阴谋败露，阴氏被打入冷宫，后因忧愤而死。

阴氏死后，和帝想立邓绥为皇后，邓绥知道后，自称有病，深处宫中不露，以示辞让。这下反而坚定了和帝立邓绥为后的决心，他说："皇后之尊，与朕同体，上承宗庙，下为天下之母，只有邓贵人这样有德之人才可承当。"永元十四年冬，邓绥终于被立为皇后。

《易经》上说：物极必反，否极泰来。意思是说，行不可至极处，至极则无路可续行；言不可称绝对，称绝则无理可续言。做任何事，进一步，也应让三分。古人云："处世须留余地，责善切戒尽言。"人生一世，万不可使某一事物沿着某一固定的方向发展到极端，而应在发展过程中充分认识其各种可能性，以便有足够的条件和回旋余地采取机动的应付措施。

"匹夫无罪，怀璧为罪"，在很多时候，一个人身上的亮点，恰恰是他惹祸的根源。对于这种看起来花枝招展，实则危机四伏的大包袱，最明智的做法就是不动声色把它卸下来。

东汉明帝刘庄的侄子刘睦，从小好学上进，读书很多，结交了许多有学问、有道德的儒者，与那些只知道吃喝玩乐的公子哥儿从不来往。有一年年底，他派一名官员去洛阳朝贺，临行前，他问前去朝贺的官员说："皇帝如果问起我的情况，你怎样回答？"这位官员回答说："您忠孝仁慈，礼贤下士，深得百姓爱戴。臣虽然不才，怎敢不把这些如实禀告。"

刘睦听后，连连摇头说："你如果这样禀告，就把我给害了！"这位官员不解地问："您为什么这样说呢？"刘睦说："你所说的只是我以前的状况，我现在已经有了很大的变化。你见了皇帝后，就说我自从承袭王爵以来，意志衰退，行动懒散，每天除了在王宫与嫔妃饮酒作乐，就是外出狩猎游玩，对正业丝毫不感兴趣。"

刘睦这样说是有原因的，在当时，宗室中凡是有些志向，或者广纳朋友的，都容易受到朝廷的猜忌，弄不好就会招来杀身之祸。所以，真正聪明的刘睦不得不故做糊涂人，教人说出那番话，实际上是明哲保身之计。

这种自我贬损是一招，另有一种方式就是未雨绸缪，用正大光明的做法塞住众人之口。

唐代汾阳郡王郭子仪的住宅建在京都亲仁里，他的府门经常大开，任凭人们出入却并不查问。他属下的将官们出外任藩镇之职来府中辞行，郭子仪的夫人和女儿若正在梳妆，就让这些将官们拿手巾、打洗脸水，一点儿也不回避。家中子弟们都来劝谏郭子仪不要这样做，他不听。子弟们继续劝说，说着说着竟然哭了起来，他们说："大人功勋显赫可是自己不尊重自己，不论贵贱人等都能随便出入卧室之中。我们觉得即使是历史上有名的伊尹、霍光这些德高望重的大臣，也不会这样做。"郭子仪笑着对他们说："我这样做是你们所考虑不到的。我们家由公家供给五百匹马的粮草，一千人的伙食费用，位至极品，不能再高了，可是想退隐以避妒忌也不可能。假如我们家筑起高墙、关紧门户，内外密不相通，一旦有人结怨报复，就会编造我们种种越出臣子本份的罪状，如果有贪功害贤之人从中陷害成功，我们家九族人都将化为齑粉，后悔莫及。现在家中坦坦荡荡毫无遮拦，四门大开随便出入，即使有人想加以毁谤，也找不出茬口来！"这番话说得子弟们一个个拜服不已。

人生贵在得意，但是要注意得意之时绝对不能忘形。一个人处于功名事业上的巅峰之态时，周围的人不免要怀着各种各样的心思看着他。这中间当然有他的亲朋好友，期望他的荣耀能够长盛不衰，但也不排除有敌视他的人，排斥他的人，或者是盼着他倒台而自己出头的人。天下没有不散的筵席，没有长开不败的花，如果人在兴盛时不知检点，危机不知何时就要找上门来。

◎ 盛时常作衰时想，上场当念下场时

据说赌场上的人有这么一种心态：赢家越赢越想赢，恨不得将别人的钱财全部据为己有才肯住手，结果却可能输个精光。

官场上的许多人也有类似的心态及遭遇：官职越高还越想升高，恨不得做到皇帝才罢休，结果却可能是身败名裂。

"知足常乐"，这话既含有深刻的人生哲理，又是一种很有教益的官场哲学。

萧嵩在唐玄宗时任宰相，因与另一名宰相关系不够融洽，便上书皇帝，请求退休，玄宗问他："我并没有厌倦你，你为什么要退休？"

萧嵩说："我蒙受陛下的厚恩，任职宰相，富贵已到了极点，趁着陛下还未厌倦我的时候，我还能够平平安安退下。等到陛下一旦厌倦我了，我的头颅都难以保住，怎么还能按自己的心愿行事呢？"

他后来终于如愿以偿，悠游园林，修身养性，活到八十余岁才死。

很多人的失败在于不懂得适可而止，不懂得知足。萧嵩没有蹈这种人的覆辙，当他预见到可能出现的祸难苗头，便毫不留恋，及时抽身退步。他的决定是十分明智的。

可惜的是，这种明智不是人人都有，有很多风光一时的大人物，最后却落得一个悲凉的收场。

年羹尧，字亮工，祖籍安徽怀远县，后来迁到山海关，世代为清朝征战出力，立下汗马功劳。

年羹尧早期仕途一路顺风，1700年考中进士，入朝做官，升迁很快，到1709年已成为四川省长官，成为国家重要的地方大员。这个时期是清朝西北边疆多战事的时期。当时康熙重用年羹尧，就是希望他能平定与四川接近的西藏、青海等地叛乱。年羹尧也没有让康熙失望。

由于年羹尧从小曾在雍正家里呆过，因而一直视雍正为他的主人，而雍正能成为皇帝，年羹尧也出力颇多，因而即位后的雍正更加信任年羹尧。西北地区的军事民政全部由年羹尧一人负责，在官员任命上雍正也常听年羹尧的意见。雍正不仅对年本人而且对他全家也很关照，年家大大小小基本上都受过雍正封赏。

但是，随着权力的日益扩大，年羹尧以功臣自居，变得目中无人。一次他回北京，京城的王公大臣都到郊外去迎接他，他对这些人看都不看，显得很无礼。他有时对雍正也不恭敬，一次在军中接到雍正的诏令，按理应摆上香案跪下接令，但他就随便一接了事，令雍正很气愤。此外，他还大肆接受贿赂，随便任用官员，扰乱了国家秩序。他一出门威风凛凛不算，甚至连他家一个教书先生回江苏老家一趟，江苏一省长官都要到郊外去迎接。雍正渐渐对他忍无可忍。

1726 年初，年羹尧给雍正进贺词时，竟把话写错，赞扬的语言成了诅咒的话，雍正便以此为借口，抓了年羹尧，此后又罗列了多条罪状，将他彻底打倒。最后雍正令年羹尧自杀，年羹尧在狱中上吊而死。

社会现实就是这样，当天下已定，就不再是你与老板称兄道弟的时候了，大丈夫应当进退有方，要警惕每一种危险因素。

并不是每个老板都会"杀"功臣，但功臣被"杀"，也总是有原因的：

就老板这边来说，有的纯粹是基于私利，不愿功臣来分享他的利益，抢他的光芒，所以"杀"功臣；有的老板为了保持"天下是我打的"的绝对成就感，所以"杀"功臣；更有的认为利用完了，再也不需要这批当年共打天下的"战友"，所以"杀"功臣。

就功臣这边来说，有的功臣自以为帮老板打下天下，如今"天下太平"，自己正可以握重权，领高薪，甚至威胁老板顺从自己的意志；有些功臣因为的确功绩不凡，颇受属下爱戴，因而结党拉派，向老板"勒索"利益；有的功臣则不断对外炫耀自己的功绩，忘了"老板的存在"……

总之，功臣让老板产生威胁感、剥夺感，老板自尊被损，又不愿功臣成为负担，从义理、私心考量，于是不得不假借各种名目把功臣"杀"了。说句老实话，有时候功臣还不得不"杀"，因为有些功臣在立下战功后，会认为自己的功劳天大地大,其嚣张跋扈反而成为大局的危险因素,"杀"了他,反而可使大局清明稳定,所以"杀功臣"这件事并不见得都应受到责备。

不过,再怎么说,"杀功臣"之事总是令人伤感,而一个人若有能力,也不必避免当"功臣",倒是天下打下来之时,自己的态度要有所调整:

1. 急流勇退,另谋出路

臣子不是必然会被"杀",但被"杀"的可能性永远存在,因此与其待得越久,危险性越高,不如在老板还珍惜你时,以最光荣风光的方式离开,为自己寻找另一片天空。也许你走不掉,但至少这个"退的动作"也是表态,老板会欣赏你这个动作的。

2. 隐姓埋名,不提当年勇

也就是说,如今只有老板的名字,你的名字消失了,一切荣耀归于老板,你从此"没有声音",也不可提当年勇,你一提,不就在和老板争锋头吗?他是不会高兴你这么说的。

3. 淡泊明志,终生为"臣"

利用各种时机表现自己的胸无大志,无自立为"王"的野心,永远是老板的人。你若野心勃勃,老板怕控制不了你,又怕商机被夺,迟早会对你下"毒手"。

4. 与时俱进,自显价值

很多"功臣"认为"理所应得"很多利益而不做事,然后成为退化的一群,因而被"杀"。因此要保全性命,必须随时显露自己的价值,让老板觉得少不得你,否则一旦成为"废物",就会被当成"垃圾"丢掉,谁还在乎你曾是"功臣"呢?

◎ 多给自己留几条路，一盘棋就走活了

熟谙做人为官之道的人都明白，你不仅要迎合今日的当权者，还要留意明日的当权者，就像一个老于棋道的棋手一样，当你走出第一步棋之后，还要想到第二步、第三步如何走，走一看二眼观三，这样你才能在瞬息万变的政治舞台上，始终立于不败之地。

欲在社会吃得开，就要广交朋友，引以为援，但若只顾眼光向上，不及其余，他日靠山一倒，所谓墙倒众人推，必遭众人攻击，使自己身陷险境。

西晋时期的杜预，在中国历史上是一个十分有名的人，他文有文才，武有武略，懂天文，知地理，在当时知识领域和社会生活各方面都有杰出的贡献。结束汉末三国近百年分裂局面的伐吴之战，便是在他的建议和指挥之下进行的；他所撰写的《春秋左氏经传集解》是我国早期研究《左传》的最为重要的著作。由于他多方面的才能和贡献，当时人称他为"杜武库"，称赞他无所不知，无所不能，晋武帝司马炎对他也格外器重。

就是这样一个杰出的人物，当他任荆州刺史时，却经常向京师洛阳的一些权贵馈赠各种礼品。有人不解，觉得他无求于这些人，为什么还要这样，他说："我自然没什么要有求于他们的，我只怕他们加害于我。"

由于他对封建官场有清醒的认识，预防在前，那些权贵倒也没有对他进行过什么诬陷，他得以平安度过一生。

做人的艺术，其实是一个平衡的艺术，既要左顾右盼，照顾到方方面面的利益，又要瞻前顾后，考虑到事情的前因后果。不能只在一棵树上上吊，也不能一条道走到黑。

魏文帝曹丕，不仅对待弟兄刻薄寡恩，对待大臣也心胸狭窄。鲍勋在曹操时代，担任魏郡西部都尉的官职，负责邺城（今河北临漳县）西部的治安。那时，曹丕还是太子，他的夫人郭妃

之弟有罪，被鲍勋收捕，曹丕出面求情，鲍勋不答应，依法将其治了罪，曹丕由此对鲍勋怀恨在心。

曹丕当皇帝后，鲍勋不但未避让一下风头，反而一再触逆鳞，向曹丕提意见，曹丕更是愤怒难忍，如今他已大权在握，可以任意处置鲍勋了。

一次行军宿营，鲍勋任营中执法官，他的一个朋友来军营探望他，从尚未建成的营垒中抄了近道，按照军规，军营内是不许抄近道的。军营令要以违犯军规将他那朋友治罪，鲍勋以为，营垒尚未建成，才不过是刚刚打桩划线，抄近道算不了什么大错，无须处分。

这事让曹丕知道了，他可抓住了把柄，立即下令道："鲍勋指鹿为马，应交付廷尉（朝廷中的执法机关）治罪！"

"指鹿为马"，是秦朝时大奸臣赵高欺蒙国君、跋扈专权的故事，曹丕一下子便将性质定得如此严重，使执法大臣十分为难。鲍勋自己并没违反军规，他对一件事情表示一下意见，是他职权范围以内的事，就算其中难免有徇私的成分，也不至于比成大奸臣赵高呀！可为了维护皇帝的面子，一些执法官提出判处他五年苦役，另一些执法官则坚决反对，认为依据法律，最多也只能判他个"罚金二斤"。

曹丕大怒说："鲍勋罪在必死，你们居然敢袒护他，我要将你们一并治罪！"

朝中一大批元老重臣都以为曹丕太过分了，纷纷出面为鲍勋求情，主持司法的大臣高柔拒不执行斩处鲍勋的诏命。曹丕更是怒火万丈，他将高柔召至朝堂软禁起来，由他亲自出面派遣使臣去杀了鲍勋，然后才将高柔放出。

鲍勋有点不知深浅，他竟然不想一想，今日的太子，便是明日的国君，你今天得罪了他,他不便发作,当他皇权独揽之时呢？有几个国君是真正大度、不计前嫌的？

也许像鲍勋之类的死心眼自恃行得正,站得直,因而无所畏惧,可是专制制度之下,哪里有什么是非标准呢？权势人物想找你的错还不容易吗？欲加之罪,何患无辞！

所以哪怕一个人风头再劲,也要常做失意之想,为自己铺平以后的道路。

宋真宗时,后宫李妃生子,就是后来的宋仁宗。当时正得宠的刘皇后无子,宋真宗便命刘皇后认仁宗为子。

仁宗长大后,以为自己是刘皇后亲生。宫中人畏于刘皇后威严,没人敢对他说明真情,仁宗对刘皇后也极为孝顺。

宋真宗去世,仁宗即位,刘太后垂帘听政,宫中更没人敢对仁宗讲明,李妃身处真宗的众多嫔妃中,对仁宗也不敢露出与众不同之处。

后来李妃病死,刘太后想把葬礼办得简单些,以免引起别人的疑心,万一传到仁宗耳中,真相就要大白于天下了。

宰相吕夷简却反对,在帘前争执说:"李妃应该厚葬。"

当时仁宗正在太后身边,刘太后吓了一跳。她忙令人把仁宗领出去,然后厉声问吕夷简:"李妃不过是先帝的普通嫔妃,为何要厚葬？况且这是宫里的事务,你身为宰相,多什么嘴？"

吕夷简平淡地说:"臣身为宰相,所有的事都该管。如果太后为刘氏宗族着想,李妃就应厚葬;如果您不为刘氏宗族着想,臣就无话可说了。"刘太后沉思许久,明白了吕夷简的用心,下旨厚葬了李妃。

吕夷简出宫后,找到总管罗崇勋,告诉他:"李妃一定要用太后的礼仪厚葬,丝毫不能有误。棺木一定要用水银实棺,可别说我没告诉你。"

罗崇勋见宰相少有的庄重与严厉，唯唯听命，于葬礼用物丝毫不敢马虎。

刘太后死后，燕王为了讨好皇上，便告诉仁宗："陛下不是太后所生，而是李妃所生，可怜李妃遭刘氏一族陷害，死于非命。"

仁宗大惊，忙传讯老宫人。刘太后已死，无人再隐瞒此事，便如实禀告。

仁宗知道后，痛不欲生。他在宫中痛哭多日，也不上朝，一想到亲生母亲曾朝夕在左右，自己却不知道。母亲在世之时，自己从未孝养过一日，最后竟然不得善终。他越思越痛，便下诏宣布自己为子不孝的大罪，追封李妃为皇太后，并准备为她以太后之礼改葬。待改葬后再查实，清算刘太后一族的罪过。

然而宫闱秘事本来就是无法查实，也无法说明。刘氏宗族的人知道后惶惶不可终日，既无法申辩，只能坐待灭族大祸了。大臣们见皇上已激愤到极点，便没人敢为刘太后一族说上一句话。

改葬李妃时，仁宗抚棺痛哭，却见李妃的尸体因有水银保护，面目如生，肌体完好，所用的葬器都严格遵照皇后的礼仪。

仁宗大喜过望，哀痛也减少许多，他对左右侍臣说："小人的话真是不能信啊。"改葬完后，仁宗非但不追究刘氏一族的罪过，反而待之更为优厚。

宋朝时贤相辈出，远胜于其他朝代。吕夷简虽称不上是贤明宰相，不过在处理仁宗生母李妃的葬事上，倒显示出人所难及的深谋远虑。

试想仁宗打开母亲的棺木，如果尸体腐烂不可辨识，陪葬的器物再俭薄不成体统，他痛上加痛，一怒之下也许根本不愿去查，就会使朝野之内遭殃的人肯定不在少数。

我们在为人处世时应当寻求多方案、多选择、多出路，一计不成，还可再施一计，这样才足以在复杂多变的社会中立于不败之地。

锋芒不必露尽，
留三分余地与人，留些深敛与己

在日常工作中，我们不难发现有这样的人，他虽然思路敏捷，口若悬河，但一说话就令人感到狂妄，因此别人很难接受他的任何观点或建议。这种人多数都是因为喜欢表现自己，总想让别人知道自己很有能力，处处想显示自己的优越感，从而能获得他人的敬佩和认可，但结果却往往适得其反，失掉了在人群中的威信。

◎ 过人的才华最好在"半藏半露"之间

进入社会时，朋友会告诉你："一定要锋芒毕露，这样才能在同辈中脱颖而出，是千里马就应该跑在最前头！"同时长者也会告诫你："年轻人切忌锋芒太盛，'直木先伐'，所以应当藏而不露！"其实这两种说法都走了极端，如果你能学会儒家的中庸之道，半藏半露会让你更加出色。

或许你有别人不具有的特殊才能，甚至还有经天纬地之才，但刚刚进入一个新的工作环境，没有人了解你，领导看你就像一张白纸，文章做得怎么样就看你的发挥了。

因此，从这个角度上讲，要想怀才而遇，就必须才华外露。不露，就没人知道你有这种才能；领导不了解你，也就没法重用你、提拔你。如果你把自己的能力一直隐藏起来，时间一久，领导就会认为你是无能之辈，不再理你了。

"露"，还要看你的领导是怎样的人。上司开明，他会因你外露的才能而重用你。如果你在嫉贤妒能的领导面前"露"起来没完，就要走背运了。

有些领导不愿意把风采和才华俱胜于己的人留在身边,因为他们要防着不让人取而代之,在这样的领导面前乱露而走背运的例子从古至今比比皆是。

中国还有句俗语,叫做"出头的橼子先烂",说的正是为人不可太露的道理,《庄子》中的"直木先伐,甘井先竭",说的也是这个道理。挺拔的树木容易被伐木者看中,甘甜的井水最容易被喝光。才华横溢、锋芒毕露的人也最容易受到伤害。因此,作为一个人,尤其是作为一个有才华的人,要把握好露与不露的分寸,既有效地保护自我,又能充分发挥自己的才华,不仅要战胜盲目骄傲自大的心理,凡事不要太张狂太咄咄逼人,更要养成谦虚让人的美德。

在现实生活中存在着一些自视颇高的人,他们锐气旺盛,处世不留余地,待人咄咄逼人。他们虽然也有充沛的精力,很高的热情,也有一定的才能,但这种人却往往过于天真,没有把握好露与不露的关系。

有一个刚到某单位工作的大学生,虽然只是一个普通的小职员,却对单位的这也看不惯,那也看不顺,未到一个月,他就给单位领导呈上了洋洋万言的意见书,上至单位领导的工作作风与方法,下至单位职工的福利,他都一一列举了现存的问题与弊端,提出了周详的改进意见。他被单位的某些掌握实权的领导视为狂妄、骄傲乃至神经病,不仅没有采纳他的意见,反而借单位调整发展方向的理由辞退了他。两年之内,他因同样的情况,换了好几个单位,而且还是后一个比前一个更不如意,他牢骚更甚,意见更多。

此人作为锋芒毕露的典型,在新的人际交往圈子中未能处理好包括上下级在内的各种关系,加上在工作上又不注意讲究策略与方式,结果不仅妨碍了最大限度地发挥个人的才能,还招来了他人的妒忌和排斥。这种人就是看不到社会的阴暗面,把社会看得过于简单和理想化,而且不知道及时改变自己的思想，因而，他们往往不是因为锋芒毕露走向成功，却极易因屡受挫折而一蹶不振。

古人认为，有锋芒是好事，是事业成功的基础，在适当的场合显露一下既有必要，也是应当。然而，锋芒可以刺伤别人，也会刺伤自己，运用起来应小心翼翼，平时应插在剑鞘中。所谓物极必反，过分外露自己的才华只会导致自己的失败。尤其是做大事的人，锋芒毕露既不能达到事业成功的目的，还可能四处树敌，遭遇险境。

清末有个湖南永州镇总兵樊燮，湖北恩施人，声名不佳。有一次樊燮去见给湖南巡抚骆秉章当师爷的左宗棠，谈到永州的防务情形，樊燮一问三不知，而且礼貌上不大周到，左宗棠大为光火，当时甩了他一个大嘴巴，而且立即办了个奏稿，痛劾樊燮"贪纵不法，声名恶劣"，其中有"目不识丁"的考语，也不告诉骆秉章就发出去了。

樊燮是否"贪纵不法"，犹待查明，但"目不识丁"何能当总兵官？当下便将他先革职，后查办。这"目不识丁"四字，在樊燮心里，比烙铁烫出来的还要深刻，"解甲归田"以后，好在克扣下来的军饷很不少，当下延聘名师教他的独子读书，书房里"天地君亲师"的木牌旁边，贴一张梅红笺，写的就是"目不识丁"四字。他告诉他的儿子说："左宗棠不过是个举人，就这么样的神气，你将来不中进士，就不是我的儿子。"他这个儿子倒也很争气，后来不但中了进士，而且点了翰林，早年就是名士，此人就是樊增祥。

一方面教子，一方面还要报仇。樊燮走门路，告到骆秉章的上司、两广总督官文那里，又派人进京，在都察院递呈鸣冤。官文为此案出奏，有一句很厉害的话，叫做"一官两印"，意思是说有两个人在做湖南巡抚。名器不可假人，而况是封疆大吏，这件事便很严重了。

后来经多位高官前辈保奏，左宗棠终于免罪，可这场锋芒太盛而惹的乱子着实不轻。

一个人在社会上，如果不合时宜过分地张扬、卖弄，那么不管多么优秀，都难免会遭到明枪暗箭的打击和攻讦。

锋芒是非常扎眼的，会让许多心胸狭窄的人受不了。一些急于显露自己才能和实力、处处张扬自己的人，往往会"出师未捷身先死"，而一些善于掩饰自己的人，却往往能抓住时机，一举成功。含蓄节制乃生存与制胜的法宝，其中的分寸需要我们在为人处世中慢慢修炼。

低调竞争，争取笑到最后

人活在世上，争取更大的成就、更多的利益，也是我们的一项最基本的权利，本身并无可厚非。只是如何去"争"，就使不同的人有了简单与缜密、莽撞与周全的分界，高下立见。

这里面最重要的，就是对时机的选择。什么时候条件成熟了，各种关系也理顺了，这时候你再站出来去摘自己羡慕已久的果子，才摘得名正言顺。

在西汉末年平帝当政时，只有十几岁，还没有立皇后。大臣王莽属于太后一族，是势力强大的外戚，一直有篡位的意图。为了使自己的地位更为稳固，王莽想把自己的女儿许给平帝当皇后。

一天，他向太后建议说："皇帝即位已经三年了，还没有立皇后，现在应该选一个贤淑的女子入主中宫。"太后哪有不允之理。一时间，许多达官显贵争着把自己的女儿报到朝廷，王莽当然也不例外。然而王莽想到，报上来的女孩，有许多人比自己的女儿强，不要花招，女儿未必能入选。于是他又去见太后，故作谦逊地说:"我无功无德,我的女儿也才貌平常,不敢与其他女子同时并举。请下令不要让我的女儿入选吧。"太后没有看出王莽的用心,反而相信了他的"至诚",马上下诏:"安汉公(王莽的爵号)之女乃是我娘家女儿,不用入选了。"

王莽如果真是有意避让,把自己的女儿撤回来也就罢了,但经他鼓动太后一下令,反而突出了他的女儿,引起了朝野的同情。每天都有上千人要求选王莽之女为皇后。朝中大臣也给说情,他们说:"安汉公德高望重,如今选立皇后,为什么单把安汉公的女儿排除在外?这难道是顺从天意吗?我们希望把安汉公之女立为皇后!"于是王莽又派人前去劝阻,结果是越劝阻说情的人越多。太后没有办法,只好同意王莽的女儿入选。

王莽抓住这个时机又假惺惺地说:"应该从所有被征招来的女子中,挑选最适合的人立为皇后。"朝中大臣们力争说:"立安汉公之女为皇后,是人心所向。难道还要违背天意人心,去选别的女子吗?"王莽看到自己的女儿被立为皇后已成定局,才没有表示推辞。不久,王莽的女儿就当上了皇后。

轻易不出手,一击必中才可称得上是你的秘密武器。而选择在不成熟的时机和不适宜的地点出头,无异于是把自己挂出去当靶子。你越是骄傲,敌人反击的力量也就越大,如果把自己放在弱势的地位,用自谦的话体现你的君子之风,反而会赢得别人的同情和尊重。

应该承认,没有哪一个人在生存竞争中有百分之百成功的把握。如果有的话,该竞争就不能称之为竞争了。所以,我们要学会韬光养晦,选择好出头的时机,这有助于我们保存实力,不做无谓的角逐。

1966年1月,印度总理夏斯特里突然去世。消息传出,印度政坛各派便纷纷出马,试图在角逐新总理职位中一举成功。

当时,国大党资历最深的德塞和代总理南达是争夺新总理职位最强有力的人选。印度第一任总理尼赫鲁的女儿英迪拉不过是宣传与广播部的部长，自从她的父亲逝世后，她的处境一直很艰难。然而，英迪拉却向她的幕僚表示了竞选总理的决心。怎样才能击败强大的对手呢？经过冷静的分析之后，英迪拉决定采取深藏不露的策略，不操之过急，也不泄露天机，等到条件成熟时再予以出击。

形势的发展果然如英迪拉所料。德塞以唯一的候选人自居，南达也声称总理非自己莫属，两个人互相攻击，无所不用其极，他们的骄横固执令选民大失所望，引起国大党内辛迪加派的不满。辛迪加派在国大党内和政府中有较强的势力，针对德塞和南达的表现，他们一致同意阻止德塞和南达上台，另觅新的候选人。

由于英迪拉没有过早地投入角逐，她给公众的印象仍然是一个有谦恭风范的政治家。在局势对她有利的情况下，英迪拉不失时机地开始行动。她凭借大名鼎鼎的尼赫鲁之女的特殊身份，说服并得到了辛迪加派的支持，显示出其卓越的政治才华。经过辛迪加派的疏通，国大党执政的 10 个邦的首席部长表示支持英迪拉当总理。南达见称雄政坛无望，宣布退出竞选。唯有德塞欲与英迪拉"决一死战"。德塞对英迪拉大肆攻击和挖苦，令听者感到反感。而英迪拉以女性特有的温和态度行事，获得公众的一致好评。

1966 年 1 月 19 日，英迪拉以 355 票的优势票数当选为印度第一位女总理。

在这里，英迪拉成功的奥秘在于她处于劣势时善于守拙，深藏不露，在时机到来时果断出击，周旋于政治力量之间，利用矛盾，寻求支持，最后终于登上了权力的巅峰。

现代社会有句流行语：高调做事，低调做人。我们在一切竞争中，都要适当克制自己的欲望，不要过分冲动而使自己的急切溢于言表，也不要过早地卷入竞争之中，否则将给自己的事业带来不利。

所有的竞争过程，实际都存在一个比较普遍的规律：淘汰制。也就是说，它是通过不断淘汰来实现的。而这种淘汰又往往是以某种不太公平的方式进行的。在没有把握的情况下如果晚点进行这个程序，观察得更仔细一些，往往成功的可能性也就越大。

如果你过早地卷入竞争，就会过早地暴露了自己的实力，也同时显出了自己的缺陷，以至于在竞争中往往处于不利的被动境地。在一般的情况下，人们在竞争初期总是十分谨慎地保护自己，尽可能地做到不露声色。这样，就可以在知己知彼的情况下，获得竞争中的主动权。

◎ 不怕一时被人看轻了

清代著名诗人和诗评家沈德潜做过礼部尚书，生前深得乾隆帝恩宠，乾隆帝南巡时喜欢到处题诗，每有所作，则令沈氏润色，甚至由沈氏代为捉刀。沈氏为了炫耀自己，常对诗友说某首御制诗是他改的，某首诗是他代写的。说者无意，但却得罪了皇帝。后因沈氏《咏黑牡丹诗》中有"夺朱非正色，异种也称王"一句下狱，死后被剖棺碎尸。文字狱是中国帝王的一大"法宝"，以言治罪的教训不能不汲取。

事实上，那些谦让而豁达的人们总能赢得更多的朋友；相反，那些妄自尊大、高看自己、小看别人的人总会引起别人的反感，最终在交往中使自己走到孤立无援的地步。

任何人都希望能得到别人肯定性的评价，都在不自觉地强烈维护着自己的形象和尊严。如果一个人的谈话对手过分地显示出高人一等的优越感，那么无形之中是对他自己自尊和自信的一种挑战与轻视，排斥心理乃至敌意也就不自觉地产生了。

齐小姐是一个优秀的女性，可就是没什么朋友。同事们都不爱和她交往，因为一跟她交往，就成了她的"绿叶"。每一次聚会，她都毫不掩饰地表现出自己在某一方面比别人优越：身材比小张好，学历比小李高，工资比小赵多，房子比小吴大……每次她都兴致勃勃地说这些话，洋洋自得，让朋友们非常厌烦，所以后来大家都不愿理她了。

人心都是很微妙的，对于一个四处炫耀自己的人，大家都会不由自主地对他产生排挤心理："他那点成绩算什么呀！""没有我们的帮助，他能做到这一步吗？"各种抵制和不满的情绪就会扩散开来。而对一个低调的人，大家反而会记得他的成就。

凡是有修养的人，必定不会随便说及自己，更不会夸张自己，他很明白，个人的事业行为在旁人看来是清清楚楚的，没必要自己去说，人们自会清楚。

也许你以为自己伟大，但别人不一定会同意你的看法，自己捧自己，决不能捧得太高，好夸大自己事业的重要性，间接为自己吹擂，纵使你平日备受崇敬，听了这些话后，别人也觉得不高兴。世间没有一件足以向人夸耀的事情，自己不吹擂时，别人还会来称颂，自己说了，人家反而瞧不起你了。

老子曾说过"良贾深藏财若虚，君子盛德貌若愚"，是说商人总是隐藏其宝物，君子品德高尚，而外貌却显得愚笨。这句话告诉人们，必要时要藏其锋芒，收其锐气，不可不分青红皂白将自己的才能让人一览无余。如果你的长处短处被身边的人看透，就很容易被他们操纵了。

楚汉战争结束后，有人密报韩信谋反，刘邦将其拘捕后带至洛阳。此时韩信最大的过错是包庇一逃犯钟离昧，在封国内簇兵招摇巡视，还构不成谋反罪。然而韩信的致命弱点就在于他的思想还停留在列国林立的时代，认为在封国之内他有权任意处置一切，对于在专制主义中央集权条件下做一名诸侯王很不适应，因而与汉中央的矛盾和冲突就难以避免。

刘邦未动刀兵就生擒韩信，但并未就此杀掉他，而是贬职监视起来。从当时的处境着想，韩信如能以此为转折点，在与刘邦的关系处理上像萧何一样谨小慎微，且忠心到底，或像张良一样激流勇退而明哲保身，刘邦即使想除掉他也找不到正当理由和事实根据，如此尚可颐养天年，得以善终。可惜的是他并没汲取教训，做出明智的选择，相反地却委屈终日而耿耿于怀，同时在这种恶劣情绪支配下内心深处的叛逆意识反倒强烈增长。他先是采取一种消极的反抗办法，常常"称病不朝从"，觉得由王降为侯，地位与灌婴、周勃、樊哙等原来的部下等同，十分难堪，心情异常郁闷。耐力不足的韩信经历了由失望、怨尤到愤怒、仇恨的心理历程，最终发展到走上了谋反之路。

韩信善于立功，却不会避祸。在一些君王十分敏感或忌讳的事情上不知避嫌，政治上乏智却自恃过高，锋芒毕露而终遭致杀身之祸。

世上有才华的人多了去了，但不管哪一方面突出的才干，总要与处世之才结合起来，才能得到充分的发挥。有人用你，你就是人才，若四处招忌，恐怕这一生一世也不会有机会了。

在当今的社会上，真正成功的人士，往往都是懂得谦虚待人的人。因为他们从自己的经历中，体会了世事的艰难，懂得为人处世的重要。而凡是那些说话"冲"，做事飞扬跋扈的人，往往都是不谙世事的人。

管理学大师曾仕强认为：

中国人为什么会立于不败之地？就是因为我们很会保护自己。比如，有人问："对这件事你有什么看法？"中国人肯定说："我不懂。"这样，就没有任何责任了。然后他听听大家的看法,听来听去觉得还没有自己懂得多,于是就站起来说:"我刚刚想到怎么办,让我试试看。"结果不言而喻。中国人在没有确保安全的时候,不会轻易出手。

所以说,一个有能力就表现出来的人,是没有什么前途的。

有功不必邀尽，
留三分余地与人，留些谦让与己

人人都喜欢舞台中央的位子，但是坐到这个位子上以后，烦恼也会随之而来。争功的、拆台的、看笑话的，种种人等，让你应接不暇。

面对成功的花环，我们应当引起警惕的问题是，第一，有成绩与大家分享，不可独享荣耀；第二，表现不要太完美，真实自然，才更有亲和力，也更有说服力。

◎ 不吃独食，有花大家分着戴

不管是在与人交际中，还是商业合作中，有福同享，有难同当，是赢得好人缘最直接、最有效的方法。当你在某一工作岗位上取得一些成绩时，自然要为之而庆祝，不过千万不要忘记，自己为之高兴的同时，还要考虑一下这成绩的由来。如果成绩的取得，完全依靠自己的力量，自己为自己高兴还说得过去，别人也会祝贺你，但是，不要忘了人"眼红、嫉妒"的劣根性，所以为了自保，还需给自己留条后路，把荣耀和大家一同分享，免得自掘坟墓。

凡森在一家图书出版社担任编辑。他为人随和也很有才气，平日里总喜欢与同事开些小玩笑，所以与单位上下关系都非常融洽。舒心的工作氛围，给凡森创造了许多写作的机会，闲下来时，他就拿起笔随意地写点什么。

有一次，他编辑的图书在评选中获得了大奖，而且位居排行榜榜首。为此，他感到无比荣耀。大概是开心过了火，他逢人

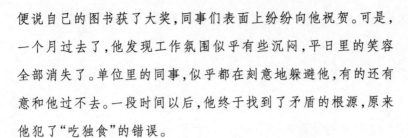

便说自己的图书获了大奖，同事们表面上纷纷向他祝贺。可是，一个月过去了，他发现工作氛围似乎有些沉闷，平日里的笑容全部消失了。单位里的同事，似乎都在刻意地躲避他，有的还有意和他过不去。一段时间以后，他终于找到了矛盾的根源，原来他犯了"吃独食"的错误。

这本书之所以可以获得大奖，身为责编功劳自然很大，可是那毕竟不是凭他一个人的力量完成的，其他人也为此付出了很大的努力，这份荣耀他们也应当分得一份。在荣耀面前，他们不会认为某个人的功劳最大，唯一的想法就是认为自己"没有功劳也有苦劳"，分享一份荣耀是理所应当的。所以，凡森一个人独占了所有的荣耀，别人心里当然不舒服。

以此为诫，当你在工作中取得一定的成绩时，别忘了做人的原则，一定不能吃独食，而要与别人一同分享荣耀，免得自掘坟墓、自断后路。

那么，在成绩面前，最受欢迎的表现是怎样的呢？

让我们来看一个小笑话：

　　一位国王贴出告示：谁敢从一个有鳄鱼出没的湖泊里游过去，谁就是这个国家最勇敢的人，他将可以娶公主为妻并且得到一个城池的陪嫁。到了正式比赛的那一天，鳄鱼湖边聚集了许多跃跃欲试的青年男子和看热闹的人，但是却没人敢第一个下去。正当大家互相观望的时候，只听得"扑嗵"一声，一个年轻人跳到水里，飞快地向对岸游去。终于，他上岸了，大家迎上前去，欢呼英雄的诞生。但见那位年轻人站直了身子，大声喊道："是谁把我推下去的？"

按照最正常的做法，那个年轻人上岸后，应当发表一番慷慨激昂的演说，为自己的英勇行径增光添彩。他可以说自己一向以前辈英雄为目标激励自我，所以在关键时刻才有临危不惧的胆气；也可以说他平时一直在苦练游泳技术，所以才能拥有今天出色的速度和力量。但是却承认了自己是被人推下去的,使自己看起来不像个英雄而像个侥幸的傻蛋。

如果这不是一个故事而是一件真实的事,那么结果会如何呢? 首先那数以万计的观者会透过一口气来,在心里暗暗思忖:不是我不够勇敢也不够幸运,谁让人家正赶到点子上了呢? 这个傻小子倒有三分可爱,想必是个没有谋略没有野心的主儿,以后倒也不必认真防他。对于国王,他要的只是结果,只要达到了预期的目的,他就要履行当初的承诺。

别以为这种谦和的态度会使你的成绩暗淡,你的上司是干什么的? 他们的眼睛亮着呢!

再美味的蛋糕,也不能一个人吃得干干净净。应付好了周围的人,就可以缓解种种鸡鸣狗盗的争斗,省下不少力气来。我们在看电视的时候,常见那些得了各种奖项的人,在台上啰里吧嗦一大堆,感谢领导,感谢同仁乃至感谢为公司做清洁的大妈。这些套话,观众也许会听得打呵欠,可换个角度想一下,如果他是你身边的人,如果他提到的名字里有你呢? 滋味一定大不相同了吧? 与人分享荣耀,可使大家的心理得到些平衡,是继续团结协作的润滑剂。

◎ 清理身边的"嫉妒"炸弹

在生活中,从我们本身的心理来说,大概人人都喜欢站在领奖台上,接受大家的掌声和称赞。有风头可出,总是一件乐事,可如果我们能做一下换位思考,就会发现一些新的问题:被人捧着,滋味当然不错,可下面作为观众的一方呢? 望着那些被上天眷顾的幸运儿,心里产生一些酸溜溜的味道也在所难免了。这种感觉,就是嫉妒的前兆,如果当事人处理不当,隐患就可能爆发,隔阂就这么产生了。

张丰在一家大公司的企划部工作,是个很有才华的年轻

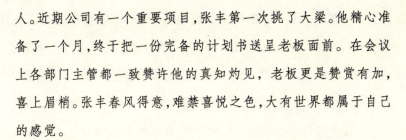
人。近期公司有一个重要项目，张丰第一次挑了大梁。他精心准备了一个月，终于把一份完备的计划书送呈老板面前。在会议上各部门主管都一致赞许他的真知灼见，老板更是赞赏有加，喜上眉梢。张丰春风得意，难禁喜悦之色，大有世界都属于自己的感觉。

同事们都向张丰表示祝贺："看来，老板就只信任你一个！""经理这个位置，非你莫属了！""嘿，他日成了一人之下万人之上，千万别忘记我啊！""你的聪明才智，公司里没人可及哩！"

张丰有些飘飘然了，他感慨道："是金子总要发光的，这一天终于被我等到了。看着吧，以后我会表现得更好，我可不想在单位窝窝囊囊过一辈子！"

张丰这番表白，听起来慷慨激昂，但是在听者耳朵里，却未必舒服。有些人是很自私的，你呼风唤雨，一定惹来这些人的妒忌。表面上，他们或许阿谀奉承，甚至扮作你的知己和倾慕者，私底下却恨你入骨也说不定。在你兴奋忘形之际，也许正是你自埋炸弹之时。

叫别人妒忌你，是十分失败的事，何况无端树敌，会给日后带来不必要的麻烦。但是，如何才能避过这些因嫉妒而产生的敌意呢？

切记，淡化嫉妒也就是淡化你的优势——你不比别人强，别人还嫉妒你什么？即使明摆着比别人强，但还要从感情上和大家走在一起，认为自己不比别人强，这一下，别人反倒不再嫉妒你，也会认为你是靠自己的努力得来的优势。

具体说来，有以下几种方法来淡化嫉妒：

1. 介绍自己的优势时，强调外在因素以冲淡优势

你被派去单独办事，别人去没办成，而你却一下子办妥了。这时，你若开口闭口"我怎么怎么"，只能显出你比别人高一筹，聪明能干，而招致嫉妒。但你要是这么说："我能办妥这件事，一方面是因为前面的同志去

过了,打下了基础,另一方面多亏了当地群众的大力帮助"。这就将办妥事的功劳归于"我"以外的外在因素——"前面的同志和群众"中去了,从而使人产生"还没忘了我的苦劳,我要是有群众的大力帮助也能办妥"这样的藉以自慰的想法,心理上得到了暂时的平衡,"我"在无形中便被淡化了优势,其实你的功劳,领导和多数同事是看得很清楚的,不要以为这样说就会淡化了自己的功劳。

2. 言及自己的优势时,不宜喜形于色,应谦和有礼

人处于优势自是可喜可贺的事。加上别人一提起一奉承,更是容易陶醉而喜形于色,这会无形中加强别人的嫉妒。所以,面对别人的赞许恭贺,应谦和有礼、虚心,不仅显示出自己的君子风度,淡化别人对你的嫉妒,而且能博得对你的敬佩。请看下例:

"小张,你毕业一年多就提了业务厂长,真了不起,大有前途呀!祝贺你啊!"在外单位工作的朋友小李十分钦佩地说。"没什么,没什么,老兄你过奖了,主要是赶上了天时地利,领导和同事们抬举我。"小张见同一年大学毕业的小李在办公室里工作,便压抑着内心的欣喜,谦虚地回答。

不难想象,小张此时如果说什么"凭我的水平和能力早可以提拔了"之类的话,与小李好相处那才怪呢。

3. 突出自身劣势,故意示弱

如同"中和反应"一样,一个人身上的劣势往往能淡化其优势,给人以"平平常常"的印象。当你处于优势时,注意突出自己的劣势,就会减轻嫉妒者的心理压力,产生一种"哦,他也和我一样无能"的心理平衡感觉,从而淡化乃至免除对你的嫉妒。

比如,你是大学刚毕业的新教师,对最新的教育理论有较深的研究,讲课亦颇受同学欢迎,以致引起一些任教多年却缺乏这方面研究的老教师的强烈嫉妒。这时,你若坦诚地公开、突出自己的劣势:教学经验一点都没有、对学校和学生的情况很不熟悉等等,再辅以"希望老教师们多多

指教"的谦虚话，无疑会有效淡化自己的优势，衬出对方的优势，减轻弱化老教师对你的嫉妒。其实在生活中，每个人都有自己优于别人的地方，也有不如别人的地方。显示自己不如别人的地方，并虚心向别人学习，也正是为了巩固自己的优势，一种在不被他人嫉妒的情况下的巩固。

4. 强调获得优势的"艰苦历程"

根据心理学上"通过艰苦努力所取得的成果很少被人嫉妒"这一观点，如果我们处于优势确实是通过自己的艰苦努力得到的，那么不妨将此"艰苦历程"诉诸他人，加以强调，以引人同情，减少嫉妒。

比如，在邻居、同事还未买车的时候，你却先买了。为了免遭"红眼"，你可以这么说："我买这辆车可不容易。你们知道我节衣缩食积蓄了多少年吗？整整 6 年啊！辛苦啊！我们夫妻俩都是低工资，一个硬币一个硬币地攒，连顿饭都不舍得在外面吃，太难了……"听了这些话，对方就很难产生嫉妒之心。相反，或许还会报以钦佩的赞叹和由衷的同情。

学会淡化别人的嫉妒心理，将有利于促进同事、朋友、邻里等人减少彼此的隔阂与敌意，快乐地享受你的成功。

◎ 不必强求自己的表现尽善尽美

一个非常著名的心理学教授做过这样一个试验，他把两段情节类似的访谈录像分别放给他要测试的对象：

第一段录像上接受主持人访谈的是个非常优秀的成功人士，他在自己所从事的领域里取得了很辉煌的成就。在接受主持人采访时，他的态度非常自然，谈吐不俗，表现得非常有自信，没有一点羞涩的表情，他的精彩表现，不时地赢得台下观众的阵阵掌声。

第二段录像上接受主持人访谈的也是个非常优秀的成功人士，不过他在台上的表现略有些羞涩，在主持人向观众介绍他所取得的成就时，他表现得非常紧张，竟把桌上的咖啡杯碰倒了，咖啡还将主持人的裤子淋湿了。

放完录像之后，教授让大家给自己喜欢的人投票。结果，有90%的人选中了打翻了咖啡杯的那位。

这个试验验证了教授的一个理论，就是对于那些取得过突出成就的人来说，一些微小的失误，比如打翻咖啡杯这样的细节，不仅不会影响人们对他的好感，相反，还会让人们从心里感觉到他很真诚，值得信任；而如果一个人表现得完美无缺，人们从外面看不到他的缺点，反而让人觉得有些不真实，恰恰会降低他在别人心目中的信任度。

《红楼梦》里，贾府老祖宗喜欢凤姐儿，因为她除了一贯的聪明和周到之外，有时也和老太太开开玩笑，偶尔还恃宠撒娇。

荣国府到清虚观打醮，凤姐约着宝钗、宝玉、黛玉等看戏去。宝钗笑道："罢，罢，怪热的，什么没看过的戏！我不去。"凤姐道："他们那里凉快，两边又有楼，咱们要去。我头几天先打发人去，把那些道士都赶出去，把楼上打扫了，挂起帘子来，一个闲人不许放进庙去，才是好呢。我已经回了太太了，你们不去，我自家去。这些日子也闷得很了，家里唱动戏，我又不得舒舒服服地看。"贾母听说，就笑道："既这么着，我和你去。"凤姐听说笑道："老祖宗也去？敢情好！——可就是我又不得受用了。"贾母道："到明儿我在正面楼上，你们在两边楼上，你也不用到我这边来立规矩，可好不好？"凤姐笑道："这就是老祖宗疼我了。"贾母兴致极高，又向宝钗道："你也去逛逛，连你母亲也去，长天老日的，在家里也是睡觉。"

贾府的规矩很大，有长辈在场吃饭，李纨、凤姐等年轻媳妇必要在地下张罗着。凤姐爱热闹，今儿个拉开架势要舒舒服服地看一天戏。老祖宗要一同去，如果换了别人，多会恭敬地答一声"是"；或者有人拍老祖宗的马屁，特地把这当成一种荣耀。凤姐素来口齿便给，此时偏偏有话直说，把自己的小算盘儿自动抖出来。贾母的兴致倒好，不但给凤姐儿放了假，还要邀请薛家母女同去。对老太太来说，当然还是喜欢热情开朗的后辈的，偶尔说说心里话，那么平时的孝顺也就显得并不那么虚伪了。

该说的话不说，容易给人城府深、阴隐的感觉，不会讨人喜欢。在现代社会，这样的事儿也不少见。

孙兴工作能力强，很得老板赏识。

有一次孙兴陪老板吃夜宵。喝茶时老板表示："要成就一番大事业，还得拓展业务，我想开间大公司，眼前这摊子，我想请个经理管理。"说完，老板看了孙兴一眼，向他传递着令人鼓舞的眼神。

因为接收到老板这一条信息，孙兴更加注重自己的形象了。在努力把工作做得最好的基础上，多方了解老板的喜好，老板喜欢的事多做，老板讨厌的事尽量少干甚至不做，生怕自己在老板心中的好印象打了折扣。

那次向老板汇报工作时，刚巧有个客户打电话过来称赞孙兴的策划出色，老板一高兴，又拉他到一家酒店吃饭。上菜时，老板问："要不要饮酒？"孙兴知道老板最讨厌的人是酒鬼，一口就谢绝了："我不饮酒的。"果然，老板赞许地望他一眼后发了一通饮酒坏事的高论。

随后的日子里，老板更是三天两头约孙兴坐坐。交谈中，想让他做经理的说法更加清晰。孙兴也将自己在工作中悟到的管理方法一一亮了出来，说得老板一个劲点头称好。

一次，老板带孙兴去陪一个客户，对方是酒场高手，三两下就把老板灌得吐词不清了。这关头，孙兴再也不能沉默了，主动端起了酒杯。

因为孙兴在酒桌上的出色表现，老板又做成功了一笔生意。可那以后不久，老板就开始冷落他了，不再三天两头约他，新公司开业时，宣布的经理名字也不是孙兴。

后来，在孙兴辞职的聚餐会上，老板多喝了两杯，过来拍着他的肩道了心声："你是个人才，也许是我太蠢了，老是看不透所以不敢用你，就说这饮酒吧，你说不会饮，可饮起来一斤多不醉，深不可测呀。"

如果当初一开始，孙兴要求尽善尽美的心思不那么重，与老板交底，事情也许就是另外一种结局了。

这就说明，越是能干的人，越要小心不能聪明反被聪明误。

凡事不可做尽，
留三分余地与人，留些从容与己

在生活中，有很多人，尤其是有一定聪明才智和专长的年轻人，由于不懂得无为与无不为的辩证关系，一走进社会，就想有一番大的作为，凭着一时的热情和冲动，或恃才傲物，或毕露锋芒，或猛打硬拼，结果大多力不从心，铩羽而归。

要真正把事做好，把人做好，我们需要一种积极而平静的进取态势，其攻势并不凌厉，但有着潜在的推动力量。

◎ 放宽胸怀，不与仇怨较劲儿

在人际关系中摩擦总是免不了的，只要矛盾没有发展到你死我活的境地，总是可以化解的。

商场上的人都知道和气生财、以和为贵，人与人之间的相处也一样，只有化解仇恨，和平共处，才谈得上共同做事。

古人有云："海纳百川，有容乃大，壁立万仞，无欲则刚。"宽容是人生最高贵的品质，学会用宽容调味人生，生命中就会增添许多乐趣。

宽容并非是不讲原则，不分是非，一味盲目地姑息纵容，而是在面对一些无足挂齿的小事时，不妨潇洒地挥手，让不愉快随风而去。宽容就如缕缕和煦的春风般，吹开我们心中的愁结，使快乐永驻心间。

事实上，人心往往不是靠武力征服，而是靠宽容大度征服。三国时期的著名军事家曹操就是这样一个不计私仇、宽以待人的人。张绣曾是曹操的死敌，陈琳曾为袁绍写檄文痛骂曹操，但他们归降后，曹操却不计前嫌,委以重任,才换来张绣与陈琳心悦诚服,诚心归顺。

故事里的人物,或许会有不共戴天之仇,但年轻人涉世之初,这种仇恨一般不至于达到那种地步。也不过是工作生活上的一点小摩擦罢了,只要矛盾并没有发展到你死我活的境况,总是可以化解的。记住:敌意是一点一点增加的,也可以一点一点削弱。中国有句老话:冤家宜解不宜结。人与人之间,低头不见抬头见,还是少结冤家比较有利于你。

生活中常见的情况是,同事曾经与你为一个职位争得面红耳赤,不过,今天你俩已分别成为不同部门的主管,虽然没有直接接触,但将来的情况又有谁晓得? 所以你应该为将来铺好路。

如果你无缘无故去邀约对方或送礼给他,太突兀,也太自贬身价了,应该伺机而动才好。例如,从人事部探知他的出生日期,在公司发动一个小型生日会,主动集资送礼物给他……记着,没有人能抗拒好意的。

要是对方擢升新职,这就是最佳的时机了,写一张贺卡,衷心送出你的祝福吧,如果其他同事替他开庆祝会,你无论多忙碌,也要抽空参加,否则就私下请对方吃一顿午餐吧,恭贺之余,不妨多谈大家在工作方面的喜与乐,对过往的不愉快事件绝口不提,以此拉近双方距离。

记着,这些亲善工作必须提前抓紧机会去做,否则到了你与他有直接麻烦才行动,就太迟了,也只会予人以"市侩"之感。

或许有些人认为,宽容是软弱的表现,宽容只能让我们退让和忍受。宽容应该是相互的,如果我对他宽容,他对我却不宽容,岂不是就吃了大亏?抱有这种认识和思想的人,实际上他们已经不宽容了,他们理解的宽容是片面的、极端的。

比如有甲乙两人。如果某甲向某乙借用镰刀,结果遭到某乙拒绝。不久某乙向某甲借马,某甲遂答:"上回你不借我镰刀,所以这回我不借马给你。"

这是报复。

如果某甲向某乙借用镰刀，结果遭到某乙拒绝。不久某乙向某甲借马，某甲虽然答应，却趁借马之机向某乙说道："上回你不借我镰刀，但是这回我却借你马匹。"

这是憎恶。

如果某甲向某乙借用镰刀，结果遭到某乙拒绝。不久某乙向某甲借马，某甲欣然答应，不但绝口不提上次借镰刀的事，还热情地告诉某乙这匹马的习性。这就是宽容。在现实生活中，我们见到的多是具有报复之心和憎恶之情的人，而那种具有宽容的博大胸怀的人，必将在众人中脱颖而出。

另外，即便只从"利己"的一面出发，忘掉过去的仇怨，可以使我们轻装上阵，心中充满了自信与安定。

古希腊神话中有一位大英雄叫海格力斯。

一天，他走在坎坷不平的山路上，发现脚边有个像袋子似的东西很碍脚，海格力斯踩了那东西一脚，谁知那东西不但没被踩破，反而膨胀起来，加倍地扩大着。海格力斯恼羞成怒，操起一根碗口粗的木棒砸它，那东西竟然长大到把路堵死了。

正在这时，山中走出一位圣人，对海格力斯说："朋友，快别动它，忘了它，离开它远去吧！它叫仇恨袋，你不侵犯它，它便小如当初；你侵犯它，它就会膨胀起来，挡住你的路，与你敌对到底！"

一味与仇恨较劲儿，浪费的是你的青春与精力。当有一天自己钻了牛角尖的时候，你可以换一种新的思维方式：把自己的力量都放在喜欢的、能产生成绩的事情上，你可以拍拍手转身走掉，决不会遭到任何阻拦。

学会大度，对一些小小不言的冲突一笑而过，是我们在成长道路中的必学课程。

人活在社会上，难免与别人产生摩擦、误会，甚至仇恨，但别忘了在自己的仇恨袋里装满宽容，那样你就会少一分阻碍，多一分成功的机遇。否则，你将会永远被挡在通往成功的道路上，直至被打倒。

◉ 高姿态更能体现你的实力

在与对手的比拼中，那种短兵相接、死缠不放的战斗是下策，既没胜算，又丢风度；以"不关注"、"不介意"来回应对手，这在一时之间，也足以打击对手的气焰了，此为中策；而真正的上策，却是在与对手的竞争中，表现出你不温不火的大家风范，达到不战而胜的目的。

讲国学历史，这几年以"百家讲坛"最火，推出了一大批的名家。"品汉代风云人物"之后再"品三国"的易中天，人红书火，无疑是风头最足的主讲人。有学问的人都有些个性，易中天有"应对批评三原则"：指出硬伤，立即改正；学术问题，从长计议；讲述方式不讨论。但是对于其他"坛主"，易中天一向称赞有加。他说马瑞芳，"百家讲坛既被专家肯定也受观众欢迎的，是'说聊斋'"；说毛佩琦，"毛佩琦的经典讲得棒极了，还特可爱"；说他最重要的"竞争对手"于丹，"小妮子的口才太棒了。她的语言真叫华丽、优美、流畅"；说康震，"康震有一集讲得特别好。他讲李白的思想，道家思想是什么，佛家思想是什么，一、二、三、四，头头是道"。又表扬钱文忠很有潜力，曾仕强最受欢迎，几乎很多"坛主"，都曾被易教授吹捧。

无疑，易中天的风度不错，比起那些自己没成果，对别人反而一味吹毛求疵的"学者"，他的形象可爱得多。要说易中天"非常谦虚"，那倒也不一定。在公开场合称赞别人的人，一般都是有些资格和地位的，易中天把诸位同仁夸了个遍，隐隐然自己就是无形的盟主。若不相信，你可以这样假设一下，年纪轻、资历差，毛手毛脚地闯进"百家讲坛"的中学历史教师纪连海，如果也有类似的言论，人群中肯定会有人皱眉："这话也轮得到你说？"

领袖气度、大家风范，不是只凭长矛利剑、武功超群就能树立起来的，靠一己之力，即使你能打败 100 个人，也不过是多了 100 个对手而已。每一个站在高处的人，都要面对着来自各个方面挑战，平息争端，往往比打赢一场干净漂亮的战斗更重要。

尼克松 1952 年被共和党提名为副总统候选人，竞选期间，突然传出一个谣言，《纽约邮报》登出特大新闻"秘密的尼克松基金！"开头一段说，今天揭露出有一个专为尼克松谋经济利益的"百万富翁俱乐部"，他们提供的"秘密基金"使尼克松过着和他的薪金很不相称的豪华生活。

尼克松非常明白，不利舆论已经气势汹汹，单靠说明"这件事"的真相是远远不够的，他要坦诚地公布他的全部财务状况来证明自己的清白。他从自己青年时期开始说到现在，"我所挣的，我所用的，我所拥有的一点一滴，"他说，"我们有一辆用了两年的汽车，两所房子的产权，4000 美元人寿保险。没有股票，没有公债。我们还欠着 10000 美元住房的债务；4500 美元银行欠款；人寿保险欠款 500 美元；欠父母 3500 美元。"

"好啦，差不多就是这么多了。"尼克松说，"这是我所有的一切，也是我所欠的一切。这不算太多，但帕特（尼克松夫人）和我很满意，因为我们所挣来的每一角钱，都是我们自己正当挣来的。"到这时，他无疑已把广大听众争取过来了。

不过，尼克松是个劲头十足的人，他不愿意仅仅到洗刷自己就止步，他不仅要让公众相信他、不信谣言，还要借此机会去与公众作感情沟通,希望沉默的多数选民开口说话。

为此他进行了一次演说,演说的场所是尼克松的书房,出场人物是尼克松和夫人帕特、两个女儿及一条有黑白两色斑点的小花狗,大家相拥而坐,表现出一个充满温暖的中上等幸福家庭。与听众谈话时,尼克松不时看着妻、女、爱犬,"还有一件事情,或许也应该告诉你们,因为如果我不说出来,他们也要说我一些闲话。在提名(为副总统候选人)之后,我们确实得到一件礼物。德克萨斯州有一个人在广播中听到帕特提到我们两个孩子很想要一只小狗。不管你们信不信,就在我们这次出发做竞选旅行的前一天,从巴尔的摩市的联邦车站送来一个通知说,他们那儿有一件包裹给我们,我们就前去领取。你们知道这是什么东西吗?

这是一只西班牙长耳小狗,用柳条篓装着,是他们从德克萨斯州运来的——带有黑、白两色斑点,我们六岁的小女儿特丽西娅给它起名叫'切克尔斯'。你们知道,她们像所有的小孩一样喜欢那只小狗。现在我只要说这一点,不管他们说些什么,我们就是要把它留下来!"

美国人爱狗是有名的,尼克松得到的唯一礼物就是一只小狗,何况那是送给六岁女儿的,为了孩子,这是他唯一要"保卫"的东西。还有比这更富有人情味的吗?还有比这更令普通选民情感相通的吗?何况,那只可爱的小花狗正依偎在尼克松六岁女儿的怀里呢……

支持的电报和信件雪片般飞来,尼克松出色地利用真诚抬高了自己的身价,化解了危机,赢得了民众支持。

不论什么时代、什么环境,有人出头,就有人拆台搞破坏。沉不住气的人,也许会急赤白脸地上台与来者PK,这样一来,你先前辛苦拼搏获取的优势地位就会被动摇——只有对自己的实力没有信心的人，才会拼命保护那一点可怜的成果。那么就不如拿出毫不介怀的高姿态来，孰强孰弱，旁观者一目了然。另一种深层的奥妙是，所有的称赞、关怀、真诚、开放的态度，都是强者的大家气度，让人拜服的，才是真正的高人。

◎ 操之过急，就可能出乱子

中国历史中，说起贤相，有一句著名的成语叫"萧规曹随"，说的是西汉时的宰相萧何、曹参，萧何制定规章，而曹参遵行不改。

曹参本是沛县一名小吏，跟随刘邦起家，攻城野战，"身被七十余创"，是一位勇猛战将。曹参和萧何本来关系很好，等到萧何当上相国，两人产生了隔阂。可是萧何临死，偏偏推荐曹参接替相国；而曹参在山东一听说萧何死了，马上叫人准备行李动身，说自己要当相国了。

可见这两人的自知、知人之明，都是非同一般的。

曹参当了相国，找了一些老实厚道的人当下属，而把原来那些精明干练之徒全赶走，然后就什么也不干了，"日夜饮醇酒"。别的大臣看他太不务正业了，想劝劝他，他不等开口，就强拉人家一起喝酒，把人家灌个不亦乐乎，什么也说不出来了。惠帝看他这副样子，也很不理解。但曹参是高帝时的功臣，又不好直接说他，就把他的儿子找来，让他回去问父亲："高帝刚去世不久，现在的皇帝还年轻，您当丞相，整天喝酒，是不是嫌皇帝少不更事，不值得您辅佐呢？"但不许说是皇帝让问的。儿子回去问曹参，曹参把儿子打了二百鞭子，发怒说："国家大事没你说话的份儿！"惠帝没有办法，只好说，是我让问的。曹参这才免冠谢过,问惠帝道:"陛下自己觉得您比高帝如何呢?"惠帝说:"哪儿敢比呢?"曹参又问:"那么您看我比萧何怎么样?"惠帝说:"您似乎比不上。"

曹参这才说道:"陛下之言是也。且先帝与萧何定天下,法令既明,今陛下垂拱而治即可,我等守职,凛尊不误,不亦可乎?"

曹参为相三年,老百姓歌颂道:"萧何为相,觏若画一,曹参代之,守而勿失,载其清静,民以宁一。"

当宰相的日饮醇酒,不理政务,不能不说是糊涂;知道自己本来就是块糊涂料,索性于糊涂之中而求大治,又怎能不说是智慧过人呢?假使这位曹相国偏不服气,一定要改弦易辙,干出点属于自己的政绩,那会怎样呢?恐怕非乱套不可。有些人,就常犯这种毛病。新官上任,生怕别人说自己无能,三把火乱烧一气。这样惹出的乱子,见得还少?

北宋时,掌握护卫京城重任的马军副都指挥使张旻,遵照圣旨挑选士兵,但他每每对士兵下的命令都太过严厉,士兵们因惧怕而计划哗变,皇上为此召集有关部门商议这件事情。王旦说道:"如果处罚张旻,那么将帅们今后还怎么制众?但马上就捕捉谋划哗变的人,那么整个京城都会震惊。陛下几次都想任用张旻为枢密,现在如果提拔任用,使他解除了兵权,要反叛他的人们自当安心了啊。"皇上对左右的人众说:"王旦善于处理大事,真是当宰相的人才呀!"

要担当大事,就不能操之过急。也许你的出发点是好的,但是固有的格局一乱,下面的人就不免军心浮动,以至横生枝节,产生不必要的麻烦。此时,平衡的艺术才是第一位的,这是治世的基本方针之一。老子的"无为而无不为",实际上辩证地说明了无为与有为的关系,从字面上理解,就是通过"无为"来达到"有为"。无为是手段,是有为的权宜之计;有为是目的,是无为的发展趋势。

治世自要从容镇定,处理一些现实小事也是如此。

明代海虞的相公严养斋准备在城里某个地方建造一座大的住宅。丈量地基等几项事宜已经就绪,唯独有一间民房立在了地基的范围之内,使得整个建筑难以达到预期的建筑效果。民房的主人是卖酒和豆腐的,房子是他的祖辈传下来的。工地负责人先是用很优厚的代价请他搬迁出去,而这家的主人坚决不同意。负责人便愤怒地报告给了严相公,严养斋平静地说:"没关系,可以先营建其他的三面嘛!"就这样,工程破土动工了,严相公下令工地的人每天将所需要的酒和豆腐都到那户人家去购买,并且先付给他们定钱。那家店小,而工地上的人所需要的酒和豆腐又很多,人手一时忙不过来,因此供不应求,于是严相公又帮助他们招募工人来帮忙。不久,招募的工人越来越多,他们所获得的利润也越来越丰厚,所贮存的粮食大豆都堆积在家里,酿酒缸及各种器具都增加了好几倍,小屋子里实在是容纳不下了。再加上他们感激严相公的大恩大德,又自愧当初抗拒不搬的行为,于是,就主动地献上房契,表示愿意让出房来。严相公就用邻近处的比他原住房稍宽一些的住房与他调换,这家主人非常高兴,没过几天就搬走了。

古今中外,凡是能成大事的人都具有一种优秀的品质,就是能容人之所不能容,忍人之所不能忍。他们胸怀宽广,豁达而不拘小节,大处着眼而不会目光如豆,从不斤斤计较,纠缠于非原则的琐事,所以他们才能成大事、立大业,使自己成为不平凡的伟人。

心事不必诉尽，
留三分余地与人，留些城府与己

人说话时，喜欢以"我"字开头。他们以为说得越多，就越能得到更多的关怀、支持和理解，所以就不分场合地表白自己、评议他人。

而事实上，如果一个人说得太多，他的底细就会过早地暴露，他的话反而不被重视。成熟的社会人，应该是"敏于事而慎于言"的。

◎ 沉默是一种神秘的力量

人的一生，应是极力显示自身价值的过程，应该以自己的方式去生活，如果把自己变成别人的赝品，又如何去创造生活、迎接挑战呢？在现实生活中，沉默才能给人以意想不到的力量。

相对而言，歌手王菲是一个静默的女子。一般来说，流行音乐演唱会要尽力营造现场的热烈氛围，歌手们大都会以煽情的言辞挑动、讨好观众。但王菲偏不。在她的大型演唱会现场，无数歌迷眼巴巴、热辣辣地望着心中的偶像，王菲却不说一句话，兀自唱歌，一首接一首，甚至没有任何形体动作。即使演唱会中间遇到下雨，王菲也不会跟观众做任何安慰。就这么个死活不理你的派头，歌迷还特别买账，以至于她很长时间居于歌坛大姐的地位。不过，很少见到其他歌手模仿王菲的做派，底气与自信心不足，摆不起那架势！

沉默是一种品格，沉默也是一种境界。生活总是无端地冒出许多烦恼，喧嚣的世界又总是扰得人们不得安宁。所以，我们学会适当地保持沉

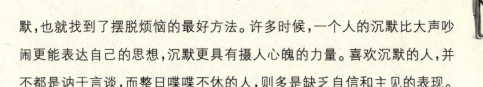

默，也就找到了摆脱烦恼的最好方法。许多时候，一个人的沉默比大声吵闹更能表达自己的思想，沉默更具有摄人心魄的力量。喜欢沉默的人，并不都是讷于言谈，而整日喋喋不休的人，则多是缺乏自信和主见的表现。

在人生绝大部分领域内，说得越少，就显得越神秘，就越能掩藏自己的真实意图，越能控制别人。当一个人能够适时地闭上嘴巴时，他就会获得更多成功的机会。

有一位不速之客突然闯入美国大富豪洛克菲勒的办公室，直奔他的写字台，并以拳头猛击台面，大发雷霆："洛克菲勒，我恨你！我有绝对的理由恨你！"接着那暴客恣意谩骂他达 10 分钟之久。办公室所有职员都感到无比气愤，以为洛克菲勒一定会拾起墨水瓶向他掷去，或是吩咐保安员将他赶出去。然而，出乎意料的是，洛克菲勒并没有这样做。他停下手中的活，用和善的眼神注视着这一位攻击者，那人越暴躁，他便显得越和善！

那无理之徒被弄得莫名其妙，他渐渐地平息下来。因为一个人发怒时，遭不到反击，他是坚持不了多久的。于是，他咽了一口气。他是做好了来此与洛克菲勒作斗争的准备，并想好了洛克菲勒将要怎样回击他，他再用想好的话语去反驳。但是，洛克菲勒就是不开口，所以他不知如何是好了。

末了，他又在洛克菲勒的桌子上敲了几下，仍然得不到回应，只得索然无味地离去。洛克菲勒呢？他就像根本没发生过任何事一样，重新拿起笔，继续他的工作。

不理睬他人对自己的无礼攻击，便是给他最严厉的迎头痛击！成功者每战必胜的原因，就是当对手急不可耐时，他们依然故我，显得相当冷静与沉着。

有许多人在遇到麻烦的时候，常常唠叨不止，因此暴露了自己的弱点。处在这种尴尬的情况下，与其聒噪不停，甚至说错话，倒不如保持沉默。

不同的沉默方式，如果运用恰当，会收到不同的效果。

1. 转变话题的沉默能使提问人无技可施。

对要回答的问题保持沉默，而选准时机谈大家关心的热门话题，往往是转变话题的最高明手法。

2. 一如既往的沉默能使人就范。

当有人对自己分内的事儿却要推托抱怨的时候，你越好言相劝，他会越以为自己受了不公正待遇。保持沉默，会让他冷静地反省自己，学会尽职尽责。

3. 咄咄逼人的沉默能使人不攻自破。

对犯了错误的人，沉默是一种有效的冷处理，比喋喋不休的谴责更有力度。

4. 平平淡淡的沉默能使人深思。

有些人态度积极，但发表意见时不免有些偏颇。直截了当地驳回，又易挫伤其积极性；循循善诱地与其沟通，又费时间和精力，最好的办法便是平平淡淡地保持沉默。

几个人一起谈话时，你说他听，他说你听，相互交流，相互沟通时，虽不应该唱独角戏，但也不是你要应答所有人的话，应该懂得适时保持沉默。

适时保持沉默，是一种智慧的表现。在实际生活之中，如果能够灵活运用，将对我们的生活和事业起到不少的帮助。

◎ 牢骚太盛，前途更渺茫

在我们的境遇不尽如人意的时候，首先要先从自己身上找原因。

一个年轻人，一直得不到重用，为此，他愁肠百结，异常苦闷。有一天，这个年轻人去问上帝："命运为什么对我如此不公？"上帝听了沉默不语，只是捡起了一颗不起眼的小石子，并把它扔到乱石堆中。上帝说："你去找回我刚才扔掉的那个石子。"结果，这个年轻人翻遍了乱石堆，却无功而返。这时候，上帝又取下了自己手上的那枚戒指，然后以同样的方式扔到了乱石堆中。结果，这一次，他很快便找到了那枚戒指——那枚金光闪闪的金戒指。上帝虽然没有再说什么，但是他却一下子便醒悟了：当自己还只不过是一颗石子，而不是一块闪光的金子时，就永远不要抱怨命运对自己不公平。

上帝给谁的幸运都不会太多，面对不佳的际遇、一时的坎坷，一些人总是抱怨命运的不公，却不能正视自己，冷静地审视自我，问一问是否已经将自己磨炼成一块金子，一块熠熠生辉足以让人一目了然的金子。

宿命论者，大多非常的灰暗、悲观。他们越是这样，幸运女神就越不会去眷顾他们，他们就更相信是运气不好，而造成一种恶性循环。

如果你对自己的能力作了过高的评价，觉得自己怀才不遇，并将原因归咎于运气不好的话，那么你大概就是那种只会抱怨上天不公平的宿命论者。对于这种人，他们最常见的说辞就是："公司根本就不了解我的实力"、"上司没有眼光，所以我再努力也得不到他的赏识"、"大家都无法欣赏我的能力"。这种念头转得多了，身上就会有一种不入世的乖戾之气，这种气质常会在不经意间发作。

当一个人时时以怀才不遇自命的时候，他就很难跳出那个框框了。抱怨足以使我们陷入一种负面情绪之中，周围人人侧目，而自己越发不能自拔。而另一方面，那些算得上"强人"的人，却在一刻也不停止地努力，一直到达自己的目的地。

郭德纲21岁那年从外地来到北京拜师学艺，却四处碰壁。不久之后，他和几个朋友成立了一个小俱乐部，靠在街头卖艺混口饭吃。那时候，他住在北京的郊区，每天都骑着自行车来回奔波穿梭好几个小时。有一次，他仍像平时一样练习到深夜才骑着自行车回家。可刚骑出没多远，他就突然发现自行车的链子掉了下来。午夜的街道上，公交车已经停运，而且他也没钱打的。第二天下午还有一场重要的演出，他脚一跺，牙一咬，把自行车扔在路边，硬着头皮向郊外的出租屋走了回去。

正值秋雨绵绵的季节，天色微微发亮的时候，他才浑身上下湿漉漉地回到住处，头晕目眩的他一头栽倒在床上，发起了高烧。他勉强支撑起身体，买了两个馒头和几包感冒药，硬是挺了过去。

当他下午面色蜡黄地赶到演出地点的时候，他的搭档吓了一跳，连忙问他出了什么事，他笑着说了昨晚的遭遇。看着他憔悴的面庞，搭档的眼泪在眼眶里直打转，轻轻拍了拍他肩，什么也没说，搀扶着他走上了前台。

几年以后，郭德纲已经红透了大江南北，有记者把他当年的这些故事挖掘出来，问他为什么能坚持到现在？他微笑着回答："我小的时候家里穷，那时候在学校一下雨，别的孩子就站在教室里等伞，可我知道我家没伞啊，所以我就顶着雨往家跑，没伞的孩子你就得拼命奔跑！像我们这样没背景、没家境、没关系、没金钱的一无所有的人，你还不拼命工作，拼命奔跑，那活着还有什么意思？"

每次在听别人谈论某人的成就时，不禁令人心生羡慕。但我们却不知成就高的人，他们最大的成就不是在于创造的成果，而是在于日以夜继的不断奔跑。挡住路上的诱惑；受得一路的艰辛；抵住刺骨的寒冷；忍住满身心的伤痛。成功的人永远比他人做得更多，当一般人放弃的时候，他们却在坚持；当别人享受休闲的乐趣时，他却在刻苦；当别人正躺在床上呼呼大睡时，他却已投入了工作和学习中。

人生就是一个奔跑的过程，我们不要自暴自弃，我们不要怨天尤人，我们只有一个目标,到达终点,到了一个类似于海边的地方停下来欣赏一下再继续跑另一条路,跑的过程中一定会有追随者,也有诽谤者,但我们只管享受我们跑的动作就可以了。在这个过程中,无需你自己去记录,别人会帮你拍下照来做成相册。

◎ 人不能没有一点儿秘密

普通人有一个共同的毛病:肚子里搁不住心事,有一点点喜怒哀乐之事,就总想找个人谈谈;更有甚者,不分时间、对象、场合,见什么人都把心事往外掏。

有这样一个实验,有人在办公室里故意告诉身边一个人一条无关紧要的花边新闻,结果很快,这个新闻就通过别人传开了。

所以,你不要期望别人为你保守秘密,假如你果真有什么秘密的话,请把它保存在自己的心里。尤其应该警惕的是,如果你在事业上有什么想法或者野心,在它成为人所共知的事实之前,决不适于与任何人分享。

李达是一家电脑公司的技术人员,跟老板相处得就像哥们儿。一天下午,李达加班到很晚,老板请他吃晚饭。几杯酒下肚,李达头脑一热,说他也想开一家电脑公司。

老板一愣,但很快恢复了表情,并鼓励李达说:"年轻人就应该有闯劲,我支持你。"李达说:"我现在的技术还说得过去,但对销售还是一知半解。"老板说:"一边工作一边学习嘛。凭你的能力,再干上两年就能独当一面了。"李达说:"你放心,两年之内我是不会走的。"

一周后,公司又招聘了一名技术人员,李达也接到了解聘通知。李达一脸茫然,找老板询问。老板一本正经地说:"在我的公司里，你已经没有什么需要学习的了。你应该多干几家公司，多积累点经验。我是从你的自身发展考虑才忍痛割爱的。"

李达蓦然醒悟自己为什么被炒鱿鱼了，都是因为自己跟老板交心，才让老板抓住如此"富有人情味"的把柄！

不管关系多么亲密，老板永远是你的老板，他是"资"方，你是"劳"方，你们很难有共同的利益和共同的语言。在老板面前，自然要出言谨慎，那么，对于身边的同事，是否就可以畅所欲言了呢？

回答仍然是否定的。

比如，当你刚来到一个新的工作环境，你和一位同事互有好感，两人一起外出午餐，有说有笑，无所不谈。同事可能乐意把公司的种种问题、甚至每一位同事的性格都说给你听，你本人对公司的人事情况一无所知，自然也很珍惜这样一位"知无不言，言无不尽"的朋友，立即把对方视为知己，将平时看到的不顺眼、不服气的事，向对方倾吐，甚至批评其他同事和上司，借以发泄心中的闷气。

如果对方能为你保守秘密，问题自然不大。但是，你对这位同事了解多少呢？你怎么知道他不会把你的话传出去呢？所以，你对自己并不完全了解的人说话要有所保留，能说三分的话，千万不要说到四分。切忌心血来潮时把秘密告诉不合适的人，因为真正的秘密只能由一个人知道，不然，你就可能受到伤害。

当你和别人共同拥有一个秘密时，你往往会因这个秘密同对方拴在了一起。这对你灵活机动地处理事情是一个障碍，在处理一件事时，你往往要考虑他的利益，这往往使你做出违背原则的事。同时，对方可能会在关键时刻，拿出你的秘密作为武器回击你，让你在竞争中失败。

而且心事的倾吐会泄露一个人的脆弱面，这脆弱面会让人改变对你的印象，虽然有的人欣赏你"人性"的一面，但有的人却会因此而下意识地看不起你，最糟糕的是脆弱面被别人掌握住，会形成他日争斗你时的致命伤,这一点不一定会发生,但你必须预防。

其次,有些心事带有危险性与机密性,例如你在工作上承担的压力与牢骚,你对某人的不满与批评,当你快乐地倾吐这些心事时,有可能他日被人拿来当成修理你的武器,你是怎么吃亏的,连自己都不知道。

那么,对好朋友应该可以说说心事吧? 答案还是:不可随便说出来。你要说的心事还是要有所筛选,因为你目前的"好"朋友未必也是你未来的"好"朋友,这一点你必须了解。

即使是对家里人,也不可把心事说出来。假如你的配偶对你的心事的感受与反应并不是你能预期的,譬如说,他因此对你产生误解,甚至把你的心事也说给别人听。

然而,紧闭心扉,心事"滴水不漏"也不是好事,因为这样你就成为一个城府深、"心机"沉、不可捉摸与亲近的人了。如果你本就是这样的人,那无太大关系,如果不是,给了别人这种印象是划不来的。

所以,真正有"心机"的人应该这样做:偶尔也要说说无关紧要的"心事"给你周围的人听,以降低他们对你的揣测与戒心。

任何人,若能在保守秘密这个问题上处理得当,就不会因泄露秘密而把事情搞得复杂化,或者使自己陷入身败名裂的境地,从而保持着良好的个人形象,成就一番事业。

权力不可使尽，
留三分余地与人，留些退路与己

"一朝得了势，就把令来行"，是典型的小人嘴脸。这种人没有想过，今天你得势，明天失势了如何？今天你占据主动，在你的高压之下，下面的人又会做何反应？

权力本是一把双刃剑，我们应当将其往好的方面引导。以你手中的权力为基础，平衡各方面的关系，整合各方面的力量，与人携手完成大业。

权力只是一时，而做人是一辈子的事。

◎ 上司"尽礼"，下属才会"尽忠"

鲁定公问孔子："君主怎样使唤臣子，臣子怎样侍奉君主呢？"孔子回答说："君主应该按照礼的要求去使唤臣子，臣子应该以忠的标准来侍奉君主。"

孔子答复鲁定公的话中，意思是说，你不要谈领导术，一个领导人要求部下能尽忠，首先要从自己衷心体谅部下的礼敬做起。礼是包括很多，如仁慈、爱护等等，这也就是说上面对下面如果尽心，那么下面对上面也自然忠心。俗语说人心都是肉做的，一交换，这忠心就换出来了。

领导活动是一种人与人之间的交往活动，领导者和被领导者则是这一活动中相互作用的主体。人是有血有肉的，在相互的交往中必然会产生情感上千丝万缕的联系。现代心理学研究表明，情感是一种双向交流的心理现象，有所予才会有所得。如果你拥有某种权力，那不算什么权力，不能征服的是人心；如果你有一颗富于同情的心，那你就会拥有许多仅靠权力所无法获得的人心。中国人最为重要的心理特征之一,就是讲究人心、人情。俗话说,以心换心,讲的就是情感之间的真诚交流。

1961年某日深夜,总理办公室灯火通明。周恩来总理紧锁双眉,不断来回踱步。方才,中国人民解放军火箭部队司令员的紧急报告,深深地震动了周总理的心:火箭部队即将断粮!战士们在用沙枣叶充饥……总理心急火燎,走到电话机前,抓起话筒就说:"接粮食部!"电话接通了,粮食部部长汇报了粮食库存。数字不多,确实不能再动用了。总理缓缓放下了话筒。

第二天一早,周总理亲自来到正在举行的中央军委会议的会场,和大家一见面,就十分沉重地说:"同志们,今天我不是来做指示,而是来'化斋'的,为我们火箭部队的将士们'化斋'来了。"望着周总理严肃的面容,听着他那低沉的声音,全场一片沉默,与会者各个正襟危坐,凝神屏息。

"现在,火箭部队眼看要断粮了。他们是全军的宝贝疙瘩,他们的事业直接关系到国防事业的发展。希望各大军区像关心小兄弟一样,紧紧腰带,支援他们……他们断粮的消息,我刚刚知道。让士兵们挨了饿,我这个当总理的对不起大家,对不起火箭部队……"

会场里那些身经百战的老将军、各大军区司令员,默默无语,一个个望着敬爱的周总理,望着他那由于连续熬夜而布满红丝的眼睛,都握紧了拳头:困难再大,也一定要省下粮食,支援火箭部队。

会后不久,各大军区支援的军粮陆续运到北京。一个月后,一列火车满载着各大军区将士的心意,满载着他们支援的第一批粮食和干菜,从北京出发,呼啸长鸣,驶向大西北——火箭部队驻地。

美国前总统尼克松在《领袖们》一书中写道："我所认识的所有伟大的领导人，在内心深处都有着丰富的感情。"换一种说法，这些伟大的领导人很有人情味，很善于关心下属、理解下属。是的，只有做一个善待下属、富有人情味的领导，才有可能攀升到"伟大"的高度，才能征服下属的心，永远为你尽忠效力。

一般而言，人们总是真心实意地对待对自己友好的人。一个关切的问候、一句温馨的话语、一次举手之劳的微小帮助，就会使人们感到莫大的慰藉，感到人与人之间真诚与友爱的温暖，感到领导确实是在诚心诚意地为事业、为他们尽心尽责。这样，双方的关系就会逐渐深化，领导的权威、威信就会进一步提高。反之，如果一味高压制下，不但得不到下属的拥戴，更可能横生祸端。

三国时期，张飞生来脾气暴烈，动不动就在喝醉酒后打骂士兵，士兵们敢怒而不敢言。

关羽败走麦城之后，被东吴所杀。张飞为替兄长报仇，凭借权力提出了不合理要求，限令军中三天以内置办白旗白甲，挂孝讨伐东吴。负责制造盔甲的两员大将范疆、张达因为期限太急，就向张飞乞求宽限几天，张飞不但不听，竟然把二人打得满口出血，并命令道："一定要按期完成，若超过期限，就杀了你们示众。"

二人知道根本不可能按期完成，便商议："与其他杀我们，不如我们杀了他。"

张飞之所以被部下杀死，与他平时的高压、蛮横是分不开的。平常下属们就是"敢怒而不敢言"，更何况在他急切报仇之时？

张飞此人，为人有血性，有肝胆，讲究兄弟情谊，对蜀国更是一片忠心。但是对部下，他却忽略了一个"礼"字，一味以强权制下，忘了每个人的承受能力都是有限的。

一般人常说"有理走遍天下"，意思是，只要你站在"理"这边，便可以在人性丛林中畅行无阻。

真的是这样子吗？

事实上，真的可以让人"走遍天下"的还在于"礼"。"理"是刚的，但"礼"却是柔的。

"礼"就是礼貌，更确切地说，应是包含着客气、谦卑的对别人的尊重。

人都有自我，也都先想到"我"，这是人性丛林的法则，而你的"礼"，基本上就满足了对方的自我，他感受到你对他的"尊重"，不管你有理无理，路就为你开了！这是一种很奇妙的人性现象，很不可思议，但却是事实！

此外，"礼"是一种平和的、内敛的动作，不会激起对方的防卫意识，因此你的路便出现了很大的回旋空间，而且别人永远不会把你当成敌人，这是"有理"的人所无法做到的。所以，很多办不通的事，有了"礼"就通了！

成就越高的人，越是有礼，当然他们也都有"理"，不过，他们都把"理"藏在"礼"里面，或是跟在"礼"的后面！

◎ 讲究沟通技巧，增添人格魅力

有一本介绍"心理技巧"的书，其中提到，有一次在美国田纳西州的州长选举中，兄弟二人双双出马竞选。哥哥以吻婴儿般的微笑战术来扩大支持者的层面；相对的，弟弟却对于这些漂亮的姿势一概不采用。当他站在讲台上时，边摸着口袋边对听众说：

"你们谁可以给我一支香烟？"

结果是弟弟大胜。

选民们因为能对伟大的政治家的平易近人，向普通百姓要香烟，而支持弟弟。这也可说是使用"给"这句话，让图谋心理立场得以逆转的手段之一。

能够跟大人物这么近乎地打交道，在普通人看来是一件很荣耀的事。领导者有时故意做出某个举动，把自己降到普通人的地位，甚至通过语言的表达，使对方格外受尊重，这是借着立场的逆转，挑起对方的虚荣心。

有些领导喜欢摆架子，任何事情都用命令的方式去指使下属，殊不知，这是一种缺乏领导艺术的行为。人有一种逆反心理，越是强硬的命令，越是不愿意服从。然而，同样是上司的命令，如果用"拜托"这句话来扭转彼此的身份，人的反抗心理便会微乎其微，常常不会感觉出这是命令。

在职场上，有一种语言叫"职务语言"，这是一种什么样的言语呢？

比如上司把部属叫到桌旁："喂！你，听说你不听经理的命令。"怎么听也是上司的口吻，又如："这是经理的命令"或"你有什么了不起的，你不过是个普通职员"等等。这种"职务言语"，不用说就知道，很容易招致职员们的强烈反抗心理。

但是，如果反用这种"职务言语"的话，却可使得公司内人际关系融洽许多。

有一位上司很会使用暗示语言：他的妻子打来电话，说女儿很想晚上去看一场音乐会，而他此时却无法抽身去买票。恰好秘书小黄送文件过来。

"小黄，听说你对音乐很内行是吗？"

"哪里，不过是我的业余爱好罢了。"

"大明音乐厅今天晚上有一场贝多芬音乐会知道吗？"

"是吗？那太好了，经理，咱俩一起去吧！"

"好啊，顺便多买两张票，我让我爱人和女儿也去凑凑热闹。"

“好，经理，我请客！”

我们从上例可以看到，有些事并不适宜用命令去处理。不过，如果用命令的口气，叫小黄去买音乐票并陪他听音乐，小黄也可能去买，然而效果可就相差十万八千里啦。

又如经理交给部属某件工作时，故意走到部属的桌旁，说："有一件事想拜托你……"

经理本来应该用命令的语气，却对部属称"拜托"，由于措辞使得立场、身份逆转过来，如此一来，部属便产生了干劲，更卖力于被委托的工作。

公司中居下属地位的人，经常对上级抱有坏印象。但上级如果冠以"先生"来称呼下级，那么彼此之间的情势便会扭转过来，使他抱有优越感，对上级尊敬、信赖。

总之，在工作场所，为了巧妙调动部属，不让他们把命令当命令，用足语言魅力是非常必要的。

当权者更要把握好为人处世的分寸，做每一件事情的时候，都要尽量考虑到别人的感受和可能的反应。

有一个电视剧，讲述一群芭蕾舞演员应征百老汇歌剧院的舞蹈主角。经过了几天严格的审察过程，许多演员都被淘汰了，结果只留两名。又经过一番审察，到了最后，其中一人又被淘汰了。当然评审委员不能直言相告那位被淘汰的演员，于是对她说："你的舞艺实在不错，并且非常有潜力，将来的成就必定不可估量，但本剧所需的角色，可能不适合你。因为我们需要一位较为活泼的演员，与你的个性不太符合。但你不用担心，我们还会有新的剧本，必定会有更好的角色等待你来发挥。希望你再继续努力，等待我们的通知。"

这真是令人伤感的场面，被人拒绝是一件极其悲痛的事，因为这往往显示自己的能力无法获得别人的认可，对一个人的伤害是可想而知的。不过那位芭蕾舞演员十分的幸运，虽然没有得到好的角色，虽然被淘汰了，但却没有因此伤及个人的自尊心，她心中的希望也并未因此而破灭。

需要裁员时，高明的主管总是把因由推归于公司的经营状况欠佳、专业思路调整，大的市场环境等等。反正中心意思不外乎是：你的能力足够，只是目前对我们不太适合。即使听者心知肚明，感觉苦涩，但总算是没把一个人的自尊剥夺干净，留了个以后相见的余地。

◎ 注意反省自己做错了什么

对于某些"在位"的人来说，裁判别人就像吃一顿家常便饭那样容易，反省自己却比登天还难，所以总是会陷于被人裁判、被人批评的沼泽中。裁判别人之前，先反省一下自己，看看自己够不够坐在这个位子上的资格。

因为特殊的地位，有时候，当权者看似一些不以为然的小事，对属下来说却是犯了一个不小错误。

唐朝时，清明时节有拔河比赛的游戏。方法是用一根大麻绳，两头各系上十多个小绳，几十个人拽着小绳各向两边用力，以力量的强弱来分胜负。

当时，唐中宗在梨园，叫陪同他的大臣拔河。七宰相、二驸马为东边的一方，三相、五将为西边的一方。仆射韦巨源、少师唐休璟因年老无力随绳倒地，长时间没能起来，中宗看着他们的笨样子，忍不住大笑起来。

虽说那是家天下的时代，但对那些国家的栋梁之材，也不能这么戏耍呀？用对弄臣小丑的态度对待这些安邦治国的大臣，正直的人，会认为

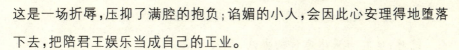

这是一场折辱，压抑了满腔的抱负；谄媚的小人，会因此心安理得地堕落下去，把陪君王娱乐当成自己的正业。

如此有百害而无一利的事儿，今天依然有人接着做，让机要秘书帮儿子写作文的，让高级职员出去买盒饭的，都属于这一类。

领导对于下属，不仅仅是在工作上的领和导，要想把你的事业干好，要想下属在你需要他的时候积极地为你办事，在工作之外，在下属的生活方面，你也应该给予一定的关爱。特别是下属碰到什么特殊的困难，如意外事故、家庭问题、重大疾病、婚丧大事等，作为领导，在这种时候，伸出温暖的手那真可谓雪中送炭。这时候，下属会对你产生一种刻骨铭心的感激之情。并且，他会时时刻刻想着要报效于你，时时刻刻像一名鼓足劲的运动员，只等你需要他效力的发令枪一响，他就会冲向前去。

如果领导者认为下属为自己办事理所当然而不去融洽关系，只是一味地敷衍戏弄，那他日后遇到困难，下属也可能会吝于伸出援助之手。这一点作为领导者都应记取。

每个人都有自己的尊严，每个人都希望别人看得起自己，把自己当作一个真正的人看待。而领导对下属的关心，对下属投注感情，尤其是对下属私事方面的关怀与照顾，可以使他们的这种尊严得到满足，甚至让他们感激涕零，誓死效劳。

为官者大都深知感情投资的奥妙，不失时机地付出一些感情投资，对于拉拢和控制部下为自己办事往往收到异乎寻常的效果。

民国年间，身为"北洋之父"的袁世凯在统御部下方面也很注重感情投资。

早在小站练兵的时候，袁世凯就从天津武备学堂搜罗了一批军事人才。其中最著名的有三个人：段祺瑞、冯国璋、王士珍。后来他们都成了北洋系中叱咤风云的人物。袁世凯为了让他们对自己感恩戴德、为其所用，可谓煞费苦心。

袁世凯在创办新军时，相继成立了三个协（旅），在选任协统时，他宣布采用考试的办法，每次只取一人。

第一次，王士珍考取。

第二次，冯国璋考取。

从柏林深造回国的段祺瑞，自认为才能非凡，却连续两次没有考取，对他来说，只有最后一次机会了。第三次考试前，他十分紧张，担心再考不上。第三次考试前一天的晚上，正当段祺瑞闷闷不乐地坐着发呆时，忽然传令官来找他说是袁大人叫他去。段祺瑞不敢懈怠，立即前往帅府。袁世凯让他坐下，东拉西扯，谈了些不着边际的话。临走，袁世凯塞给段祺瑞一张纸条，段祺瑞心中纳闷，但又不敢当面拆开看。于是急忙回到家中，打开一看，不觉大喜，原来是这次考试的试题。

段祺瑞连夜准备，第二天胸有成竹地参加考试。考试结果一出来，他果然高中第一名，当了第三协的协统。

段祺瑞深感袁世凯的大恩，决心誓死相随，终身相报。

后来，段祺瑞、冯国璋、王士珍都成了北洋军阀政府的要人。段祺瑞谈起当年袁世凯帮他渡过难关的事，仍感恩不尽。谁知冯国璋、王士珍听了，不觉大笑。原来王、冯二人考试前也得到过袁世凯给的这样的纸条。

袁世凯这种办法，可谓妙不可言，既可以使提拔的将士报恩，又能使没升官的将士心服口服，便于统率，还给被提拔者创造了很高声誉。由此可见，袁世凯在耍弄权术上是个高手。

对于我们这些普通人来说，即使你并非权高位重，在这方面也要引以为戒。因为不论是谁，在人际交往中总有处于上位的时候，那些比我们年纪轻经验少的人，职场上的后来者，甚至你熟悉的圈子里的一个陌生人，从某种意义上说就是"臣"，是"客"，需要我们善意相待，从而形成一种和谐融洽的良好气氛。在与他们的交往过程中，我们应当注意讲话不要太多或者太随便，给人一种漫不经心的感觉。看问题不要太绝对，太以我为中心，让他人也有表达自己的机会。恰当的赞美可以给人以信心，同时也能赢得对方发自内心的好感。

　　"君"与"臣"的关系，其实就是人与人之间的关系，我们怎么对待别人，别人就怎么回报我们。当我们在人际交往中处于优势地位时，正是一个表达诚意、凝聚感情的好机会。

机关不必算尽，
留三分余地与人，留些口碑与己

人际交往在本质上是一个社会交换的过程。我们在交往中总是在交换着某些东西：或者是物质，或者是情感，或者是其他。

正是交往的这种社会交换本质，要求我们在人际交往中必须注意，让别人觉得与我们交往值得。无论关系怎样亲密，都应该注意从物质、感情等各方面"投资"，否则，原来亲密的关系也会转化为疏远的关系，使我们面临人际交往困难。

◎ 吃亏是福，杀鸡取卵会断了后路

"吃亏"也许是指物质上的损失，但是一个人的幸福与否，却往往取决于他的心境。如果我们用外在的东西，换来了心灵上的平和，换来了宝贵的友谊，那无疑是获得了人生的幸福，这便是值得的。

世界上没有便宜是让人白占的，爱占便宜者迟早要付出代价。有的人见好处就捞，遇便宜就占，即使是蝇头小利，见了也眼红心跳、志在必得。这种人每占一分便宜，便失一分人格；每捞一分好处，便掉一分尊严。同样，天底下的亏也不是白吃的。从某种意义上说，乐于吃亏是一种境界，是一种自律和大度，是一种人格上的升华。在物质利益上不是锱铢必较而是宽宏大量，在名誉地位面前不是先声夺人而是先人后己，在人际交往中不是唯我独尊而是尊重他人，抬举他人。如果一个人以吃亏为荣为乐，一定会获得人们的尊重、赢得好人缘。

我们可以争取利益，却不能唯利是图。那种总是以自我为中心考虑问题的方法,最终算来算去,会算计了自己。

清朝末年,官宦子弟王有龄谋得一个湖州知府的位子,可谓春风得意。

他是在四月下旬接到的任官派令,身边左右人等无不劝他急速赶在五月一日前到职。之所以会有这等建议,理由很简单:尽早上任,尽早搂到端午节"节敬"。

晚清之时,吏制昏暗,红包回扣、孝敬贿赂乃是公然为之,蔚然成风。冬天有"炭敬",夏天有"冰敬",一年间春节、端午和中秋三节另外还有额外收入,称为"节敬"。浙江省本来就是江南膏腴之地,而湖州府更是富足,各种孝敬自然不在少数。王有龄四月下旬获派为湖州知府,左右手下各路聪明才智之士无不劝他赶快上路,赶在五月一日交接,如此一来,刚上任就能大搂"节敬"。

王有龄就此询问他的一个朋友,朋友却劝他等到端午节之后,再走马上任。

这里面原因何在?王有龄不是湖州第一任知府,在他之前还有前任,别人在湖州知府衙门混了那么久,就指望着端午节敬。王有龄名正言顺可以抢在头里接事,抢前任的节敬,端的是革命有理。可是,这么一来,无形之中就和前任结下梁子,眼前当然没事,但保不准什么时候就会发作。要是将来在要命关键时刻发作,墙倒众人推,落井下石,那可就划不来了。

在什么年代里,私心都是人类最普遍的弱点。这不要紧,要紧的是别为一些蝇头小利,毁了自己的大好前程。"钱不常花人常在",若因一时私心发作,弄坏了长久的关系,才真正是得不偿失。

我们常说:会生活的人,或者说成功的人,最懂得的就是"舍得"。"舍得"几乎囊括了人生所有的真知妙理,只要我们能真正把握舍得的尺度,便掌握了人生成功的钥匙。善于变通的人懂得，在一定条件下，吃亏是福，为了将来不吃大亏，吃点小亏是必要的，而且，会吃亏的人才会成功。

俗话说，"吃亏人常在"。人生在世不可能不吃亏，世上难有完全公平之事，有便宜就有亏，总想讨便宜不可能，吃亏与不吃亏是相对的，有失必有得，有得总有失。

岛村芳雄是日本东京岛村产业公司的董事长，他原先是在一家包装材料厂当店员，后来改行做麻绳生意，就是他在做麻绳生意时，创造出了商界著名的"原价销售术"。

岛村的原价销售术很简单，首先他以5角钱的价格到麻绳厂大量购进45厘米的麻绳，然后按原价卖给东京一带的工厂。完全无利的生意做了一年后，岛村开始按部就班地采取行动，他拿购货收据前去订货客户处投诉说："到现在为止，我是一毛钱也没有赚你们的。但是，这样让我继续为你们服务的话，我便只有破产一条路可走了。"这样与客户交涉的结果，使客户为他的诚实所感动，甘愿把交货价格提高到5角5分。同时，岛村又到麻绳厂商洽："你们卖给我一条5角钱，我一直是原价卖给别人，因此才得到现在这么多的订货。如果这赔本的生意让我继续做下去，我只有关门倒闭了。"厂方一看他开给客户的收据存根，大吃一惊。这样甘愿不赚钱的生意人，麻绳厂还是第一次遇到，于是毫不犹豫地一口答应他一条算4角5分。

如此一来，以他当时一天1000万条麻绳的交货量计算，他一天的利润就是100万日元。创业两年后，他就成为誉满日本的生意人。岛村的成功，不能不说是他巧用了敢于自己吃亏的"原价销售术"。

在某些"聪明"人看来，"原价销售"无利可图，是一种糊涂行为；而目光远大，善于从长远利益考虑问题，不计较一时的赔赚恰恰是精明人所特有的赚钱风格。要想做大生意发大财就要懂得"欲取先予"的道理。德国的"铁血宰相"俾斯麦说过："当我放下诱饵来引诱鹿群，我就不会射杀第一个走过来的母鹿，而是等到一群鹿都围拢过来之后。"中国的古人说过："将欲取之，必先予之。"不劳而获或者不付出只索取的事情是办不到的，即使短期取得成功，也不会长久。

在人际交往中，如果人们能舍弃某些蝇头微利，也将有助于塑造良好的自我形象，获得他人的好感，为自己赢得友谊和影响力。遇事不要与人斤斤计较，应该把便宜、方便让给他人，这样你与他人之间的矛盾就会减少，人际关系也会融洽了，这才是君子风范，大人的处世之道。吃亏是福，吃小亏占大便宜。但是吃亏也是有技巧的，会吃亏的人，亏吃在明处，便宜占在暗处，让人被占了便宜还感激不尽，这也是做人的智慧。

"吃亏是福"不是简单的阿Q精神，而是福祸相依的生活辩证法，是一种深刻的人生哲学。相信"吃亏是福"，可以使心胸变得宽阔，心态更加乐观、积极，而且当自己遇到困难时，也能得到更多人的真心帮助。

◎ 只从自己的利益算计成不了事

商业社会是一个充满巨大压力与竞争的社会，但是如果你以为只有机关算尽、唯利是图的人在其中才能如鱼得水，恰恰是对商业竞争的误解。人是群居的动物，人与人关系的运用，对事业的影响很大。如果一心只往自己口袋里塞钱，过不了多久就会失去人心，从社会上被淘汰出局。

人都是注重实惠的，有了实惠就会感觉踏实、受用。玩虚的人之所以让人恼火，就是因为他老是拿些看不见的东西炫耀，虚构一些不可能的事，让人觉得恐慌。而有了实惠人就很踏实，因为看得见的东西让人凸显自身的存在。

蒋丰和崔卫平合作做生意，崔卫平因为自己有其他领域的事业，无暇分身照看他们合作经营的项目。所以，虽然是合伙经营，但实际上只有蒋丰一个人独自支撑。尽管蒋丰每周在向崔卫平汇报工作状况时，把他们所投资的项目讲得如何具有深厚的潜力和广阔的前景，崔卫平也不敢把太多的资金注入这个项目。因为他们合作了半年多，崔卫平每月都向里面注入资金，但是，一次也没有见到账面上有足够令人信服的盈余利润。又过了3个月，崔卫平听从了家人的劝告，决定中止这个项目，抽回全部投入的资金。没有了崔卫平的投资，蒋丰的项目逐渐走向了破产，在他眼中的所谓巨大潜力和广阔前景，变成了镜中花水中月，无法实现。

蒋丰的最大错误是，没有让别人看到利益，所以，那些千言万语犹如一纸空文，最终起不到任何实际效力。

在商业社会中，人们眼睛紧盯着的是实际的利益。正所谓"不见兔子不撒鹰"，如果没有实际的利益，谁都不愿意浪费自己的精力和资本。相反，一个人要想借用别人的力量，为自己的事业服务，就必须摆出切实的利益，来吸引别人的注意力，并通过利益来调动别人的积极性，帮助自己成就一番事业。以利益驱动他人，帮助自己，这是一种高明的做事手段。

没有人不关心自己的利益，只有获得更多的利益，才能够拓展自己的生存空间。所以说，我们要用实际行动，拿出真正的利益，调动别人的积极性，这样做远远胜过千言万语的分析和讲述。

如果有人只关心自己的利益，把从别人口袋里掏钱当成天经地义，他的事业必不长久。

梁先生经营一家出版社，朋友介绍一家印刷厂给他，梁先生因为初入此行，印刷厂没有熟悉的，因此就和那位姓陈的印刷厂老板合作。

为了减少联系上的麻烦，梁先生把印刷、订纸、分色、制版、装订所有工作都交给陈先生包办。

事实上，陈先生的印刷厂只有印刷一项业务，其余部分都要转包出去。当然，陈先生也不会做无用功，转手之间，他还是赚了两成左右的差价。

几年过后，梁先生才发现他因为怕麻烦而多花了很多钱，同时也因为出版社的经营已上轨道，人员也增加了，于是把给陈老板的业务，除了印刷之外，全部收回自行安排。

谁知陈老板勃然大怒，说梁先生没有"道义"。梁先生向朋友抱怨："要给谁做是我的权利，难道我这样子做错了吗？"后来他就不再和陈老板合作了。

陈老板赚取转手的差价虽然合情合理，但梁先生停止和他某部分的合作却与"道义"无涉，买卖本来就是"合则来，不合则去"嘛！问题是，陈老板把转手的差价当成"理所当然"的利益，梁先生不再和他合作，他因此而产生利益被剥夺感，本来可赚一万，现在只剩下五千，心里无法适应这种失落，于是便起反弹了。

站在梁先生的立场，大可不必太勉强自己。倒是陈老板应自我反省——赚取外包部分的差价是"多出来"的，印刷方面的利润才是他"理所应得"，面对梁先生的新决定，他应感谢梁先生，并表示愿意继续提供更好的服务才是。结果他不做此想，反而以诋毁来响应梁先生的动作，导致连印刷的生意也飞了。

梁先生和陈老板二人"翻脸"是一种遗憾，但做生意事关企业生命，该"翻脸"还是要"翻脸"，你不"翻脸"别人还笑你傻瓜！

著名的社会心理学家霍曼斯提出，人际交往在本质上是一个社会交换的过程。长期以来，人们最忌讳将人际交往和交换联系起来，认为一谈交换，就很庸俗，或者亵渎了人与人之间真挚的感情。这种想法大可不必有。

譬如说，有某人，若与你非亲非友又有数面之缘，他是否是你的关系，还真有些说不清，连你自己都回答不出来。但这一切并无碍，你们交往的行为将替你作答，引领你摸着石头过河，一边交往一边确认。确认的标准就是人情授受，即大家一有无互相委托办事，二有无办事后的酬谢。人在，人情在；人情在，关系在。人情是关系的孪生同胞，没有人情便不是关系，没有关系不会做人情；新朋友初识，彼此接受人情等于认同关系，不接受人情等于不认同关系。

甲帮乙办事，乙还甲人情。这一来一去，遂成"关系"。

我们应当从认识上跟上去，把利益当成人与人之间互动的纽带，在交换与分享中，做大自己的事业。

◎ 有容乃大，上天不关照斤斤计较的人

常言说："宰相肚里能撑船。"一个人只要有大度的胸襟，非凡的气量，就有良好的人缘，才会在社交的王国里叱咤风云。相反，如果你度量狭小，嫉贤妒能，误以为自己聪明至极，非同一般，而对他人百般挑剔，眼中容不了任何人，心中容不了任何事，那你必然失去人心，最终失去事业。

即使你有足够的精明，能够将别人的缺点看得一清二楚，但这并不意味着可以因此严厉地指责别人。在与人相处时，要懂得随时体谅他人，在温和且不伤害人的前提下，适宜地帮助别人。以严厉的态度对待别人，容易招致他人的怨恨，反而无法达到目的。若要避免遭受人为的困扰，关键在于宽容他。处世做人不应用苛刻的标准去要求别人，要尊重人家的自由权利，只有做一个肯理解、容纳他人的优点和缺点的人，才会受到他人的欢迎。而对人吹毛求疵，又批评又说教没完没了的人，不会有亲密的朋友，人家对他只有敬而远之。

潘石屹是中国大名鼎鼎的房地产商,他创造了一个个开发房地产的神话,美国《时代周刊》曾这样报道:"房地产商潘石屹给中国一贯单调的公寓和写字楼带来了明快的色彩,潘石屹楼盘在品位上已国际化。"就是这个潘石屹,在新的一年即将来临之时,他做了四件事,把自己从多年的精神羁绊和折磨中彻底地解放出来。

第一件事:将一些多年来借了他的钱实在还不上的同学、同事甚至朋友名字列了个清单,在点燃的蜡烛上烧了,让所有的旧账随着这张纸化为灰烬,并主动问清了他们的地址,给他们一一拜年,重新捡回当年的友谊;

第二件事:把曾经伤害过他、欺骗过他并在心里一直记恨他的人列了个名单,也在火上烧掉了!他说,过去这种记恨的情绪时不时控制着他的大脑,无休止地折腾着他,使他不得安宁。就像是自己招来的鬼,现在烧掉了它没有了仇恨就没有鬼了;

第三件事:对自己过去伤害过的人,表示了深深的歉意。主动地很真诚地对他们说"对不起,请原谅!"从而使自己成为一个情感没有负债的人;

第四件事:作为一个公司领导,千方百计地创造条件,让每一个员工在愉快和受鼓舞的环境中工作。

他说:"当我做完这些事情后,我走到长安街上,下午的阳光十分明媚,大街上每一个人的笑容都非常灿烂,我身上也有如同大病初愈的感觉,是那么放松、愉悦"。

有容乃大,这是一种非凡的气度、宽广的胸怀,是对人对事的包容和接纳。对别人的释怀,也即是对自己的善待。这种算计,才是真正会"算"的人。君不信,可以翻开古今中外的历史看一下,巧计是永远算不过拙诚的。

一代名臣曾国藩一向主张要相互敬重,用真诚来沟通感情。名利二字,只可用来笼络一般的俗人,对于真正的贤士来说,却未必有作用。他认为有了诚,便自会见信于他人。

在曾国藩与左宗棠的交往过程中,二人有过合作和愉快,也有过矛盾和冲突。曾国藩为人拙诚,语言迟讷;左宗棠恃才傲物,以当今诸葛亮自命,语言尖刻,锋芒毕露。咸丰四年(1854年),曾国藩初次出兵攻打太平军,败于靖港,自尽未遂,回到省城,垂头丧气。左宗棠到曾国藩的船中探视他,直言不讳,指责曾国藩临事退缩,非大丈夫之所为。曾国藩只是闭目不语。咸丰七年(1857)二月,曾国藩在江西瑞州营中闻老父去世,立即返乡。左宗棠认为他不待君命,舍弃部队奔丧,是绝不应该的。性情见解各异,再加上各自的地盘意识、战功的分配问题,遂使两个人断交,隐隐有种水火不相容之意。

第二年,曾国藩奉命率师援浙,路过长沙时,特地登门拜访,并集"敬胜怠,义胜欲;知其雄,守其雌"十二字,求左宗棠篆书,表示谦抑之意,使两人一度紧张的关系趋于缓和。

后来,左宗棠查办了一起贪污案,遭人陷害。左宗棠经此变故,但深感京中不可久住,不得已,沿江而下,投靠曾国藩。曾国藩宽宏大量,不计前嫌,热情接待左宗棠,并与他连日商谈战事。在左宗棠极其潦倒的时候,向他伸出了援助之手。曾国藩立即上奏朝廷举荐左宗棠,朝廷接到曾国藩的奏章后,谕令左宗棠"以四品京堂候补,随同曾国藩襄办军务"。左宗棠因而正式成了曾国藩的一个幕僚。曾国藩立即让他回湖南募勇开赴江西战场。过了几个月,左宗棠军在江西连克德兴、婺源,曾国藩立即专折为他报功请赏,并追述他以前的战绩,左宗棠因此晋升为候补三品京堂。后曾国藩又恳请朝廷将左宗棠襄办军务改为帮办军务。同治二年(1863),左宗棠被授为闽浙总督,仍为浙江巡抚，从此与曾国藩平起平坐。三年之中，左宗棠由被人诬告、走投无路，一跃成为疆吏大臣，如此飞黄腾达，一则出于他的才能与战功，但同时也与曾国藩以诚相待，全力扶持分不开。

种下什么样的种子，就会发出什么样的根芽。后来曾国藩下世，左宗棠就曾这样用挽联悼曾国藩："谋国之忠，知人之明，自愧不如元辅；同心若金，攻错若石，相期无负平生。"像左宗棠这样志大才高、性气刚硬的难得对他人如此推重，这也从另一个方面，印证了曾国藩的人格魅力。

人才是人之精华，因此，人才是难得的，尤其是白手起家而社会关系不足的条件下更是如此。对人才的吸引力，主要表现为待人以诚。这个"诚"字体现在很多方面，对自己孜孜以求的人才保持耐心，始终不愠不火，恭敬有礼，相信总有一天会攻克对方心中的壁垒。

现在有些人喜欢运用巧诈，其实，人际关系的基本原则，古今无多大差别。喜欢诈术的人，虽然能一时欺瞒别人，也能获得利益。但是，久而久之，就一定会露马脚，失去别人对你的信赖，最终不但获利不多，反而损失更大。而拙诚的人也许不会一下子就抓住人心，但是时间一久，他的诚意就会逐渐渗入人心，赢得大家的信赖，从而获得事业成功。正可谓"路遥知马力，日久见人心"。

攀附不可现尽，
留三分余地与人，留些风骨与己

人活着，要往上走。结交贵人，借力升腾，本来也无可厚非。

只是在这个过程中，我们必须坚持以诚待人，善始善终。那种"溜须拍马、媚态十足"的嘴脸，"用人朝前，不用人向后"的小人作风，是做人的大忌。而且，此等不顾廉耻、易反易覆之人，最终也会落入大家的视线里，从此人人侧目。

◎ 人最终靠得住的还是实力

对于我们大多数人来说，正式步入社会之后，就要隶属于某一个组织。得到领导的赏识，获得升迁，巩固自己在组织中的地位，就成了我们的重要任务之一。因此，竞争就在所难免，组织内部就会随时上演一幕幕的权力角逐竞赛，有人上台，有人垮台。

有很多人热衷于权力的斗争，并且对这类游戏乐此不疲。一旦被实力强劲的派系所接受，就觉得身价陡增，仿佛大好前程随时都在向自己招手。是的，有时候派系的力量也可能给我们带来一些实惠，但是如果沉溺其中，忽略了对自身实力的磨炼，结果往往不那么美妙。因为派系斗争的输赢是不确定的，它们之间的力量此消彼长，在这种变化中，小人物最容易成为牺牲品。即使你依靠的是一棵枝繁叶茂的大树，也不一定能带给你长久的荫凉。

富平侯张放是汉成帝的姑表兄弟，又娶了成帝皇后许氏的妹妹，婚配之事由成帝亲自主持，赐以甲等的宅第，特许使用

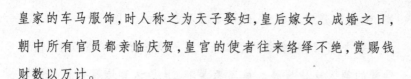

皇家的车马服饰，时人称之为天子娶妇，皇后嫁女。成婚之日，朝中所有官员都亲临庆贺，皇宫的使者往来络绎不绝，赏赐钱财数以万计。

张放与汉成帝经常是同起同卧，形影不离，有时汉成帝微服外出，若遇到巡街的巡卒盘查，汉成帝便自称是富平侯的家人，张放变成了皇帝的主人，其炙手可热之势无与伦比，此时，那些势力眼的大臣，哪个不来巴结，不来献媚。

这一来却遭到了皇太后王政君家族的不满，太后的几个兄弟俱被封侯，子侄布满朝廷，是一个十分煊赫的大家族，他们不能容忍张放的权势超过自己，便向皇太后告了状。皇太后十分生气地说："皇帝淫乐不知节制，又瘦又黑，成了个什么样子？富平侯张放还引导皇帝为非作歹，这样的人怎么还能留在朝廷里！"

皇太后发了话，汉成帝只好从命，将张放贬出朝廷，到遥远的边境去担任一个小小的都尉之职。那些惯于看风使舵的大臣们如丞相薛宣、御史大夫翟方进等，一看张放失了势，便趁机落井下石，纷纷举奏了张放种种不法的情形，什么骄纵淫奢、抗拒朝命，什么纵奴行凶、滥杀无辜等等。张放一下子就陷入了万劫不复的境地。

世事变幻无常，派系的强与弱、输与赢，有时候并不在我们的控制之内。要想在人生的舞台上处于不败之地，只有运用好自己手里的武器才是可靠的。

在很多人眼里，都觉得张敏的运气特别好，她进入公司后短短的两年时间里，就在这个行业里做得有声有色，每一次调动都令人刮目相看。

只有她自己清楚，机会是怎么得来的。进这家大公司的时候,她先被分到人事部,做一个并不起眼的文员。

那个部门,能言善道、八面玲珑的女孩子和深谙权术、惯于钻营的男人比比皆是。她不惹是非,只是认真地履行自己的职责,不过偶尔露露峥嵘,比如发现了别人输错了数据,她悄悄地就修正了,并不大肆渲染;领导让她做什么,她就竭尽所能,总是在第一时间做到让人无可挑剔。别人扎堆抱怨工作百无聊赖、老板苛刻、地铁太挤时,她在悄悄熟悉公司的其他部门、产品以及主要客户的情况。

有一次营销部经理偶尔经过她的办公室,看到她处理一件小事情时表现出的得体和分寸感,就打报告要求她去顶他们部门的一个空缺。

营销部令她的世界骤然广阔起来。同原先一样,她的特色就是默默地努力。半年后,她的几份扎实的调查分析报告,为公司创造了不小的业绩,为她在这个行业里赢得一些声誉。一年后,她已经是营销部公认的举足轻重的人物了。

在我们人生的航道里,派系是风,顺风时,它可以助你一臂之力,让你更快一些到达自己的目的地。可惜的是,天有不测风云,世上也没有一直都顺风顺水的幸运儿,如果一朝树倒猢狲散,最先受害的就是那些没有根基的小人物。自身的实力就不同了,实力可以说就是我们的船桨,而一个人划船的本领是不会辜负他的。即使遇到的是逆风,我们也可以凭自己的本领一步步向前,最终进入一个风平浪静的港湾里。

太薄情了就是为人不齿的小人

在中国人的传统里,"巧言令色"的作风一向没有什么市场。古代圣贤们提倡人们正直、坦率、诚实,不要口是心非、表里不一。

做到这些不容易,但是无论如何,我们在做人处世的过程中,变脸也不能变得太快了。

唐朝韩愈是后人比较熟悉的文学大家,他二十岁左右开始参加科举,一连三次,均名落孙山,直到第四次才算考中,这时他已经三十岁了。根据当时的科举制度,考中进士,还不能授官,还需经过吏部的考试。于是韩愈又考,不料又是一连三次的失败。

"千里马常有,而伯乐不常有",不自己找门路是不行了。伯乐首先应该有提携后进的资历,韩愈两个月内向三位宰相上书三次,但是并没有得到他们的青睐。于是韩愈退而求其次,向京城之外的大人物寻找庇荫,他先后投奔了两位节度使,但时运不济,两位封疆大吏下世过早,韩愈又只好重找靠山。

转了一圈,韩愈于是又回到京城,病急乱投医,这一回他选中了京兆尹李实。按照文人的老办法,韩愈先给李实写了封信。他说:我来到京师已经十五年了,所见的公卿大臣不可胜数,他们都不过是些不求有功、但求无过的平庸之辈,还从没有见到一个像您这样忠心耿耿地效忠皇上、忧国如家的人。今年天气大旱,一百多天没有下雨,种子下不了地,田野寸草不生,可是,盗贼不起,谷价不涨,京城百姓,家家户户都感受到了您的关怀。而那些以前喜欢为非作歹的奸佞之辈,也都销声匿迹了。如果不是您亲自处理镇服,宣传天子的恩德,怎么能有这种安定团结的局面呢?我从青少年时代便读圣贤之书,颂圣贤之事,凡忠于君孝于亲的人,即使在千百年之前,也十分敬慕,更何况亲逢阁下您这样的人，我怎么能不待候在您的身边以报效我的忠心呢！

这封信成了韩愈走向仕途的敲门砖，他被提拔为监察御史，做起了京官。

那么这位李实李大人其实为人如何呢？

其实李实是个典型的出卖良心而只求一己荣华的小人。为了在皇帝面前表现自己有办法，竟隐匿辖区的旱情不报，繁重的租税照收，不惜逼得百姓们家破人亡。这事儿做得并不是有多隐秘，但瞒上欺下，一向是做官的不二法门，只要没传到皇帝的耳朵里，就是上上大吉。以韩愈的见识，不可能看不透李实的真相，可是那封颠倒黑白的信，依然写得有理有据，文采斐然。

韩愈当了监察御史，终于获得一个表现自己的舞台。本部门的同僚还没认全，他就上书唐德宗，反映关中旱情及民不聊生的情况，矛头直指地方的最高行政长官李实。从写那封自荐书到告李实的状，前后时间相差不过半年，干得着实干脆利落。

按照唯物主义的历史观，评价一个人应该看他的主流，那么韩愈维护统一的中央集权，倡导古文运动，反对佛教的过度流行，在当时都具有进步意义，对后世也产生了不小的影响。单凭他生命中的一段小小的插曲，就把一个人否定了，实在有点不够客观。

而且，只就韩愈告李实这一件事论，也并没有违反原则性的大是大非。为了扳倒李实，韩愈玩的是曲线救国，先接近他，取得他的信任，然后再一剑封喉，为天下的百姓们伸张正义。所谓为了最终目的，在中间过程中可以用些手段。

韩愈没有错误，我们一向认为，好人欺骗坏人，是一件大快人心之事，正义永远比邪恶更为长久。只要大方向正确，那么他们的诡诈就是智慧，他们的残暴就是勇敢，他们的凉薄就是坚定。

但是，在现实中，你愿意与这样的好人交朋友吗？

他目的明确、能力超群，只是稍稍有点儿薄情寡义。

如果我们都是凡人而不是品格没有任何瑕疵的圣贤，希望不要碰到韩愈。

小时候我们看小说和电影，好人和坏人的阵营总是分得一清二楚。其实天下大势，分分合合，成则王侯败则寇，其间也没有绝对的是非。所以一个人站在哪个山头无所谓，关键是站立的姿态如何。"当面一盆火，背后一把刀"的行径，将是一个人品格上洗不掉的污点。

处世能善始善终最好，最起码的，也不能一转身就把自己否定了。

把握好在上司面前的定位

相信每个有些志气的人，都不愿意被人看成是老板的"哈巴狗"和"应声虫"，那么，你就要注意自己在上司面前的形象了，千万不要给人留下话柄。

你可以与你的老板交朋友，但是在工作中，你与老板的角色是不同的，不能以为自己是老板的朋友就可以在单位或公司里也称兄道弟起来。如此一来，老板还怎么工作？他怎么去安排他人工作？他怎么处理好大家的关系？他又如何区分工作人事上的是与非？

如果你的老板非常器重你，经常带你出席各种社交场合，那么，你千万不要得寸进尺。保持适度的距离对你是有好处的。也许你发现你可能正在成为老板的朋友甚至是哥们，但是你应该把握好尺度。

任何一位领导在对待下级问题上，都希望和下级保持良好关系，希望下级对他尊重、服从、喜欢。所以，当他愿意和部下建立朋友关系、同事关系的同时，在愿意进行情感沟通的同时，总是不希望用朋友关系超越或取代上下级关系。也就是说，他必须保持自己一定的尊严和威信。

每个公司所缺少的，都是能独当一面，为公司带来效益的优秀员工。那些没有能力、没有个性，只能扮演"保姆"角色的人，如果要以攀附作为自己升迁的积累，无异于犯了方向性的错误。

每个在社会上的人包括你的老板，都希望交到能与自己互补互利、携手共进的朋友，无偿的服务并不能换取他们的友谊。即便面对的是老板，你也不可能以服务员的形象获得职业上的报偿。生活中，我们会碰到一些以讨好老板为职业的人，他们总要无限制地去为老板的日常生活服务。比如不断地为老板端茶倒水，替老板清理办公桌，等等。更有甚者，他经常在双休日到老板家中看有无家务事可以帮忙。在很多时候，他更像一个跟班。他满怀希望地等待着某一天老板突然对他说："你是个好人，你可愿做一名管理者？"可是，这一天始终没有到来。在老板心中，他的形象不知不觉地被定位为保姆，这样的人，适合永远做个无关紧要的下属。

那些已经坐在一定位置上的人，大都是经历过些风雨的，他们又岂会为自己一时的好恶来影响长久的事业。

武则天有个姘夫叫薛怀义，他原名冯小宝，是洛阳街头的一个卖药小贩，只因阳具壮伟，被武则天视同宝贝，宠幸异常，让他扮作和尚，随便出入后宫。他小人得势，骄纵不法，在朝廷大臣面前居然也趾高气扬。

有一次，他从朝堂经过，依然是大模大样，昂首阔步，对迎面相遇的左丞相苏良嗣视而不见。苏良嗣大怒，命令左右随从将薛怀义紧紧拽住，他挥起手臂，照着薛怀义的面颊，来了个左右开弓，连抽了数十个耳光。

薛怀义连忙哭哭啼啼去找武则天诉苦，对待大臣一向严苛的武则天这一次竟然没有发怒，只是对薛怀义说："你以后从北门出入就是了，南门是宰相上朝所经之地，你就别冒犯了！"

男宠们狗仗人势，不免作威作福，大臣们地位尊贵，自然不买账，真让武则天左右为难，偏袒情夫吧，必然遭到大臣的非议；支持大臣吧，又会委屈了情夫。但是她最终的选择，却是以朝廷大计为重。

武则天作为一国之尊尚且有各种顾忌，在我们的生活中，想让上司因为某种私交而偏袒你，可能只是一种靠不住的愿望而已。

如果老板发现他的工作越来越难做，而最终他发现是你破坏了他必要的威严时，那么，等待你的将是被老板疏远。

当然，你能够同老板交上朋友，说明你与老板的距离很近。但是，这种朋友关系的最佳状态，是业务上的朋友和工作上的挚友。如果你能推动老板在公司中的地位，你就是他最好的朋友。否则你就是个制造是非的人。

处理好与老板的距离，是必要的处世学问，而距离就在近与远之间，就看你如何去掌握了。

◎ 如何在上司不和的夹缝里生存

对于每个职场中人，上司肯定不只有一位，那么，作为一棵小草，又如何在这些大树之间生存呢？

有一个重要的原则，是不参与权力之争，即在竞争的彼此双方之间没有任何倾向，大有现在"互不干涉内政"的外交策略之风，就像一个国家对另一个国家一样，不管其内部政权怎样变化，都一如继往地与其政府保持友好关系。这才是为臣者永远立于不败之地的根本原因。

要知道，你对某位上司"跟"得太过分，必定会与其他人产生对立，对我们的职业生涯并没有好处。

做人做事必须要有"备用方案"——为自己多考虑几条安全通道。但时常可以发现,有些人一般不会找"平衡点",但事实说明,你要想在人与人之间不偏不倚又游刃有余,没有一定的平衡技巧是行不通的。因此,在怎样对待比较复杂的人际关系问题上,多准备几手,适度中立,方能有备无患。

清末陈树屏做江夏知县的时候,张之洞在湖北做督抚。张之洞与抚军谭继询关系不太合得来。有一天,陈树屏在黄鹤楼宴请张、谭等人。座客里有个人谈到江面宽窄问题。谭继询说是五里三分,张之洞就故意说是七里三分,双方争执不下,不肯丢自己的面子。陈树屏知道他们明明是借题发挥,是狗扯羊皮,说不清楚的。他心里对两个人这样闹很不满,也很看不起,但是又怕使宴会煞风景,扫了众人兴,于是灵机一动,从容不迫地拱拱手,言词谦恭地说:"江面水涨就宽到七里三分,而落潮时便是五里三分。张督抚是指涨潮而言,而抚军大人是指落潮而言,两位大人都没说错,这有何可怀疑的呢?"张、谭二人本来都是信口胡说,听了陈树屏的这个有趣的圆场,自然无话可说了,于是众人一起拍掌大笑,不了了之,停止了"争辩"。

在现实中,我们也许没有陈树屏的捷才,但保持一颗平常心却是必须的。

部属在工作中经常会遇到领导之间因意见不统一而发生矛盾的情况。对于领导之间的矛盾,部属处理得好可以左右逢源,皆大欢喜;处理得不好则会处于夹缝之中,不但受气,影响工作,而且还会引起领导误解。如何驾驭矛盾、引导局势、协调关系,需要我们区别不同情况,冷静而又机智地加以处置。

1. 不涉"内政",避免介入矛盾

由于受身份和地位限制,多数部属不可能对上级领导之间的矛盾了解得很清楚，或者根本不知道事情的来龙去脉及症结所在，所以部属不要轻易介入领导之间的矛盾。

2. 在语言上保持"沉默"

如果有人在公开场合议论领导之间的矛盾，或者遇到有领导在你面前谈到对其他领导的不满，应当慎之又慎，尽可能不在同事或领导之间充当裁判，评论是非曲直。遇到不便表态又不能走开的场合时，要冷静观察，不动声色，多思求变。可以说说圆场话，但不发表对领导的褒贬言辞和看法。离开这个场合后，一定要守口如瓶，对领导之间的矛盾严格保密。

3. 在态度上保持"中立"

领导之间无论什么原因引起的误解、分歧和矛盾，一般多各自放在心里，不外露。部属切忌自作聪明，胡乱猜测。如果确实需要部属出面，部属应迅速查明有关背景资料，迅速考虑基本意见，以应对领导询问，领导不问就不吭气，领导问什么就答什么。简明扼要，以说明情况为主，不要带上意见和看法，更不要带上感情色彩。当领导要求部属发言时，最好全面客观而扼要地把有关情况介绍清楚，然后把几个可供选择的方案提出来，供领导参考择定。在情况紧急需要迅速决断而领导之间意见又不一致时，应当迅速寻求一种使持有不同意见的领导也能接受的折中方案。

4. 在交往上保持"等距"

当领导之间有矛盾时，部属尤其要注意与各领导之间保持同等距离，在平时的工作、生活和思想感情上坚持一视同仁、同等对待，不厚此薄彼。在工作态度上，部属对他们要同等配合协助；在涉及生活待遇的问题上，部属对他们要同等关心照顾；在思想感情上，部属对他们要同等敬爱尊重。

5. 努力"平衡"，尽量调和矛盾

一般情况下，领导之间的矛盾不需要部属出面解决，但如果部属与每位领导之间的感情都很不错，彼此了解信任，也比较容易接近，部属可以本着减少、化解矛盾的原则,抓住适当机会进行"平衡"、调和;但一定要注意方式方法,并把握好"度",防止把事情办砸。如果仅仅是矛盾的双方对一些问题有看法继而涉及到对矛盾一方个人有看法,即使出现片面或偏激,也是非原则性的,部属在沟通、调和的过程中,只要动机公正就不妨说几句"善意的慌话"。

领导之间的矛盾如果发生在部属工作范围之内,最考验部属协调能力的,是在领导之间意见不一致的情况下,如何使大家都能满意接受,达成"共赢"。未雨绸缪,把矛盾消灭在萌芽状态。在完成领导交办的工作时,部属应首先想在领导之前,不但想好工作本身应该怎么做,充分准备方案和建议,力求使之切合客观实际,而且预测一下意见不统一时领导各自会有什么想法,在方案中把这种因素考虑进去,适当有所照顾和体现。没有照顾和体现到的,一旦他们提出来,该如何解释,怎样努力达成一致,要做到胸有成竹,心中有数。

对于有些必须马上完成的任务,在领导之间意见难以马上统一时,下级必须按组织原则办事,切不可自作主张,造成工作失误。在正职与副职意见不一致时,按正职的指示办;在几个副职意见不一致时,按分管这项工作的领导指示办;在领导之间意见不一致时,按多数人的意见办。事后情况比较明朗之时,再做"牵线搭桥"工作,疏导关系、化解矛盾,最终促使各方握手言和,同舟共济。

下 篇

年轻人一定要懂的做事经验

做事要讲方法，讲辨识，讲分寸，讲策略，尽管世界千变万化，但只要人性不变，做事，就有脉络可寻。要领会做事的重要规则和方法，提升做事的水平和效率，在做事中提升自己的能力，为自己创造左右逢源的环境，从而成就事业、成就人生。

做事要讲方法：
巧干能捕雄狮，蛮干难捉蟋蟀

做事情，我们看重过程，同样也要看重结果。即使你在做某件事情的过程中兢兢业业，付出了全部的心力，效果不理想，依然是没有达到"做事"的最高境界。

正确的方法比执着的态度更重要。我们应该调整思维，尽可能用简便的方式达成目标。

◎ 独辟蹊径，从优势入手推销自己

在很多时候，你不成功，不是因为不具备成功的智能或力量，而是因为你没有找到成功的方法。

做事讲方法，当然要因人、因事、因时而异，但有一点是不变的，那就是我们不能人云亦云，永远踩着别人的脚印走。突破常规的变通思维能力，是每一个渴望成功的人所必须具备的。它缩短了行动与目标之间的距离，只有拥有了灵活变通的思维能力，并将之与具体行动相结合，它匠心独运、别出心裁，往往能为你实现理想做出独创性的贡献。

突破常规思维，从另外的角度进行思考，或者将问题颠倒过来看一看，往往能够柳暗花明见新天。这种事例在日常生活和工作中有很多，由于这种思维方式灵活多变，能出奇制胜，所以往往能取得意想不到效果。

多年以前，丰田公司发现，世界上有许多人想购买奔驰车，但由于定价太高而无法实现。于是，丰田公司的工程师放手开发凌志汽车。丰田公司在美国宣传凌志时，将其图片和奔驰并列在一起，用大标题写道：用 36000 美元就可以买到价值 73000 美元的汽车，这在历史上还是第一次。

经销商列出了潜在的顾客名单，并送给他们精美联社的礼盒，内装展现凌志汽车性能的录像带。录像带中有这样一段内容：一位工程师分别将一杯水放在奔驰和凌志的发动机盖上，当汽车发动时，奔驰车上的水晃动起来，而凌志车上的水却没有动，这说明凌志发动机行驶时更平稳。

面对这一突如其来的挑战，奔驰公司不得不重新考虑定价策略。但出人意料的是，奔驰公司并没有采取跟随降价的办法，而是相反，提高了自己的价格。对此，奔驰公司的解释只有一句话：奔驰是富裕家庭的车，和凌志不在同一档次。奔驰公司认为，如果降价，就等于承认自己定价过高，虽然一时可以争取到一定的市场份额，但失去市场忠诚度，消费者会转向定价更低的公司；如果保持价格不变，其销售额也会不断下降。只有提高价格，增加更多的保证和服务，例如免费维修六年，才可以巩固奔驰原有的地位。

就这样，奔驰公司以超常思维和手段，化被动为主动，摆脱了来自凌志的挑战。当我们面对难解开的局面时，只有突破定式、打破常规，在生活的其他方面，也可以出其不意、独辟蹊径地解决问题。

与其陷入人与人之间的消耗战里，不如独树一帜，强化自己的优点。只要定位得当，自可达到不战而胜的目的。

有很多成功人士，也是造势的高手。为了在人们心目中长期保持风云人物的印象，他们招人眼目的作风不亚于一个超级明星。

刘銮雄——在香港拥有"股坛狙击手"、"铜锣湾铺王"之称的超级富豪。

1974 年，学业有成的刘銮雄从加拿大回到香港，开始了人生新的旅程。

1978 年，不想只过每月仅拿一定数目工资的平庸生活的刘銮雄，毅然辞职下海了。只有想不到，没有做不到。怀着这种信念，刘銮雄豪情满怀，同朋友梁英伟放手大干起来，将发展项目定位在市场上紧缺的行业——生产吊扇。就这样，在一阵锣鼓声中，爱美高（Evergo 永行不息）公司风风火火地成立了。独特的创业视角深深得到基金公司的青睐，并被先进人士称赞为"第一只新兴工业股"。在极具魄力及经济头脑的刘銮雄的一手打造下，爱美高公司规模不断扩大，技术不断改进，到 1987 年时，爱美高公司就跻身于世界前列，遥遥领先。公司的发行股也由原来的 7500 万股突增为 20 亿股，令人钦佩不已。

能赚更能花，是刘銮雄一贯的做事风格。他拿出 1.5 亿美元巨资订购波音 787，眼睛都不眨一下。在美国纽约的佳士得举办的"战后及当代艺术"拍卖会上，爱好字画的刘銮雄越过大洋，千里迢迢来到拍卖会现场，以 1737.6 万美元的天价买下"波普艺术"大师安迪华荷的《毛泽东》丝印肖像画。不久，他又在纽约以 3436 万港元的巨资购买了一枚重达 11.23 克拉的超巨型梨形彩蓝色钻戒，以最浪漫的方式献给自己心爱的女友，并向女友求婚。在女友激动万分的泪水中，刘銮雄终于实现了抱得美人归的愿望。

自从 1992 年在北京、上海设立了办事处后，刘銮雄便将颇具潜力的内地当作自己下一步开发挖掘的对象，先后在北京、上海、深圳、广州、天津等十几个沿海发达城市投资办厂，至今为止，他所投资的总资金已高达 60 亿港元。

刘銮雄之声势，是非常显赫的。首先他拥有名气之势，"股坛狙击手"，出手其准、其狠，自是不必再言。而他的公司爱美高（Evergo 永行不息），更是强化了这种印象，一个人在商战中，若是"永行不息"地"狙击"，怎不让对手闻名心惊？

刘銮雄的实战，也打得漂亮。在胜利面前，他决不止步，坚持进攻就是最好的防守，不但要赢，还要赢得风生水起。有了这些资本，他再站到人前时，就是江湖一流高手，不必动手，光是风范气度，就能把人镇住了。而刘銮雄那些大手笔的消费风格，更为他的声势锦上添花。一掷千金的豪举或许有些出格，但若与"艺术"与"浪漫爱情"联系在一起，就有了存在的理由。如此，刘銮雄的实力与魄力，风格与个性，就格外完美地展现在人前。

为自己争取机会，是自我推销的第一步，以目前的成绩为基础，让成绩倍数上升，这才是自我推销的最高目的。

一个人之所以能够迈出众人的行列，一半在于他的努力与智慧，一半在于他恰逢时机地打破了常规，找到了展示自己的方法。如果你在一个偶然的或者必然的场合，采取某种方法或手段，突然显示出自己的思想、能力和才干，你就会出之于众，你就会赢得别人的注意。

🌀 找到好方法，比竭心尽力更重要

我们做事情，听从别人的安排、一声不响地闷头做事是一种做法；事先考虑清楚，筹划明白，一力寻找最佳的路径也是一种做法。在前者，这些人可能勤劳勇敢而且充满信心，但是他们的付出，很少得到对等的回报，这时候，就应该重新考虑一下自己做事的方式了。

一个身体强壮的年轻人到伐木厂去应聘伐木工，老板看他身体壮实挺适合干这个，就让他留下来了。第二天这个人很早就起床，一天下来伐了 20 棵树。老板夸奖他："你真行，你是我们这里一天伐木最多的人。"

第三天这个工人起得更早,但是一天下来伐了 17 棵树,不过老板说:"17 棵你也是最多的了。"第四天这个工人起得更早,结果到最后只伐了 15 棵树。

这个工人开始疑惑了:为什么我每天伐树的数量逐渐下降呢?老板就问:"你的斧头磨了吗?"这个工人这才恍然大悟,原来是因为斧子钝了的缘故。

美国统计学家 W·爱德华兹·戴明博士,根据多年的数据分析证明,在所有的失败中,有 94% 并不是由于人们不想把工作做好。事实上,大多数人想把工作做好。如果不是人的因素,那么究竟是什么原因呢?

是方法。方法——而不是人——是那 94% 失败的"罪魁祸首"。

很多人对自己的现状并不甘心,也不缺少信心和毅力,他们之所以还是可有可无的小人物,主要是没有找到通往目标的捷径,把时间和体力,都用在了劳而无功的事情上。

这就像走路,明明有很多近路,可他偏偏不走,就是一心一意地绕圈子,累得半死不说,而且达不到目的。我们在刻苦的同时,必须选择最近的最佳的方法,这样才能事半功倍。通过走近路而节省时间去干其他的事,则将是更大的收益。

年轻人在自己独立生活之前,已经从师长那里得到了许多关于"不劳动不得食"的教育。这话没有错误,劳动创造了人类,在劳动中,我们创造价值并享受劳动的回馈。但是如果你把这句话扩展为"以辛苦换收益"、"多大付出多大回报",那么就需要再往深层次里思考一下了。这种思维从纯理论角度或者还说得通,但在现实中却是有人打着高尔夫就把钱挣了,有人一天天累得腰酸背痛,却仅仅糊口而已。

光埋怨社会不公是没有意义的,为了不让自己也陷入这种怪圈,你最好在 30 岁以前,就理顺辛苦与效率、辛苦与价值的关系,力求自己的劳动,能换来最大化的效益。

有位律师的名字叫 K·O·海威希。他刚踏上社会的时候，在鹏萨所城一家贸易信托公司里当小职员。后来他移居到奥克拉荷马州，进入谢尔石油公司做事。

不久，经济产生了大危机，海威希和许多职员被解雇了。他受过的训练和经验都不够，没有办法担任一般书记以外的工作。他只好接受了他所能担当的唯一一件工作——以每小时四角钱的报酬，在石油管理工程里挖壕沟。

他的故事后半段是这样的：后来海威希被谢尔石油公司重新雇用，他的工作是在会计部门办理有关投资的文书工作。但是他对于会计工作是一窍不通的，这时只有一个办法，那就是学习。海威希认为自己到奥克拉荷马法律会计学校的夜间部会计系上课，是他所做过的最聪明的一件事。

经过三年的学习以后，他的薪水也加倍了。于是他马上进入杜尔沙大学夜间部的法律系上课，四年内修完全部学分，得到了学位，并且通过律师鉴定考试而成为合格的开业律师。

但是他仍不满足，研究高等会计三年以后，又学了一项公共演讲课程。这些年来连续的教育，使海威希的薪水比挖壕沟的时候增多了十二倍。

海威希的故事，是教育自己以获得成功的典型故事，任何一个愿意付出时间和努力的人提升自我价值的最佳方式。

教育是年轻人对自己最成功的后天改造，但是在生活中，并不是每个拿到进入主流社会资格证的人，都做出了显而易见的业绩并获得了相应的报酬。大家都在忙，得到的回报却有高有低，问题究竟出在哪里了呢？

19世纪，意大利经济学者帕列托提出了著名的"二八法则"，对于付出与回报的关系，"二八法则"这么说：你所完成的工作里，80%的成果来自你所付出的20%。换言之，我们五分之四的努力——也就是付出的大部分努力,几乎是白白浪费的。这一点一定使你大吃一惊!

为了使你的辛苦都收到实效,我们迫切需要一种更为合理的工作方法。

生活中,销售经理经常对受挫的推销员说:"再多跑几家客户!"父母对拼命读书的孩子常说:"再努力一些!"但是这些建议都是有问题的。就像有人曾经问一位高尔夫球高手:"我是不是要多做练习?"高尔夫球高手却回答道:"不,如果你不先把挥杆要领掌握好,再多的练习也没用。"

正确的方法比执着的态度更重要。我们应该调整思维,尽可能用简便的方式达成目标。无论如何,用钥匙开门都比把它砸开简单,我们的目标,就是尽快找到那把钥匙。

◎ 没有不可做的事,只有没办法的人

做事讲方法,既包括对自己目标和方向的规划,也需要我们对现实生活中的具体事件,能"逢山开路,遇水架桥",根据实际情况,迅速拿出自己的对策来。

我们评价某个人会做事,多是称赞他具有把握重点的眼力和见风使舵的灵活性。事情怎么做,本来没有一定之规,能够因势利导,以小的付出换得大的回报的,就是此中高手。

北宋有一个边防将领叫种世衡,他曾驻守在延州的清涧城。他下车伊始,发现这里防守力量薄弱,粮草也十分缺乏。种世衡于是拿出官府的钱,贷款给商人用。商人们都争相到清涧城来做生意,而且他们出入时也从不会受到盘查。没用多久,粮仓和官方的供给就都充足起来,边防实力大增。

为了培养边境居民的尚武精神,他还想办法引导边民学习射箭。他用银子做成箭靶,谁射中了银箭靶就把这个箭靶送给

他。后来射中的越来越多，银做的箭靶轻重依然不变，只是靶心却变厚变小了，这样人们的射技也大为提高。当有人为了争取徭役的好差事而发生争执和打斗的时候，种世衡就让他们通过射箭比赛来决定，射中靶子的就可以优先分得较好的差事。谁一旦有了过失，也让他射箭，能射中的就会被免除刑罚将他释放。由于采取了以上这些措施，清涧城中的军士和百姓，人人都擅长射箭，从此清涧城兵强民富，远远超过延州其他各城。

有些事，看起来千头万绪，无从入手。而事实上，在每件事情中起决定性作用的还是人，摸透了人心，掌握了人性，事情就好办多了。

有一则小故事，就体现了以人治人的智慧。

北周文帝时，韩褒为北雍州刺史。州中有许多盗匪，韩褒来了后，对他们秘密访察，得知这些人实际上都是州中的豪强大族。韩褒佯装不知，对他们都一律加以礼遇厚待，对他们说："我这个刺史不过是一介书生，怎么懂得督剿盗匪？要靠你们来共同为我分忧了。"他又把其中那些强梁狡黠的年轻人全都召集来，都给他们封了主帅的职衔，划分了地界，如果有抢劫事件发生而未能破获，就以故意纵放论罪。于是这些被署以主帅之职的年轻人，一个个惶恐惧怕，伏身自首，并揭发说："前某次抢劫案实是某某人干的。"把所有盗匪的名字全都开列了出来。韩褒把名册取过来收藏好，在州城门口发布榜文说："凡干过盗匪之事的人，要迅速来自首。超过本月不自首者，要抓来公开处决，并将其妻子、儿女入官为奴，赏给前来自首者！"于是不满一个月，境中盗匪全部来自首了。韩褒取出名册核对无误，就全部宽恕了他们的罪行，允许他们改过自新，从此盗匪活动平息了下来。

用小偷当门卫，是为了更好地看住家。当制度不能发挥作用的时候，我们不妨从人性的特点着手，使其以子之矛攻子之盾。当破坏者发现这样做得到的好处还不如他损失的多时，他自然也就不会再去做这样的事情了。

罗明从部队转业之后，开了间汽车配件公司，经过数年的辛苦经营，也算是初具规模。哪知道从一年以前，开始发生货色走漏的毛病，而且走漏都是最关键的小件。罗明明察暗访，先在店里查，员工中有谁手脚不干净，再到同行以及用户那里摸底，看哪家吃进了来路不明的黑货？然而竟无线索可寻。

后来在一个偶然的机会，罗明发现他丢的那些零件是被人塞在轮胎里，明目张胆是卖出去的，——里外勾结，然后再坐地分赃。而卖这种"货"的店员，是罗老板的同乡，平时诚实能干，很得他信任。他在罗明手下工作已久，进货渠道，客户网络都摸得三分底儿，此时如果顶着贼名儿被解雇，会引起一些不必要的麻烦。而且罗明通过家乡的来人了解到，这个店员的父亲在去年刚动了次大手术，欠了不少外债。虽然他事情做得不地道，可也算事出有因，自己了解不够。思前想后，罗明决定把事儿压下去。

于是罗老板不动声色，继续做出查无实据的苦恼样子来。一天午休的时候，他招来作弊的店员和另一名老员工，悄悄对他们说："我平日忙着进货，天南海北地跑，店里的事儿就有些顾不上，我不在的时候，你俩替我盯着点儿，若没什么大漏子，年终时我送双份的花红。"两人点头称是，以后罗明的公司，总算是风平浪静了。

对于敢于变通的人来说，这个世界上不存在困难，只存在着暂时还没想到的方法，然而方法终究是会想出来的。当你面临任何一个棘手的问题时，应该想："是不是还有另外一条事半功倍的道路可以试一试呢？那样或许会获得成功。"

一般情况下，"直接式"处理问题，能快捷、迅速及时地把问题搞定，是处理一般性问题的很好方式。对于那些非常困难的问题，采用转个大弯子的迂回策略,也是出于不得已而为之。其实它是转化矛盾,使之逐渐趋于和平,直至最后彻底解决矛盾的一种特殊方法。

做事讲灵活：
路子多越走越顺，一条道越走越黑

人总会犯错误，这是正常的，怕就怕执迷不悟，一错再错。人生中很多的挫折和失利，都是由于过度的固执造成的。所以，一味地固执只会导致更大的失利，果断放弃才是正确的选择。

不要把你的生命浪费在最终要化为灰烬的东西上，放弃那些不适合自己去充当的角色。适时地转换思路，去更好地追求通过努力而自己能得到的东西，实现自己的人生价值。

◎ 你在干什么，不等于你就干得了什么

在动物的世界里，狮子、老虎等猛兽总是独来独往的，它们自主选择生活的区域和捕猎的路线；羚羊、角马等食草动物，往往是成群结队地行动，一旦离了群，就茫然不知所措，它们只知拼命地向前奔跑，完全顾不上这条路是不是一个通途。

很多年轻人也有点儿那些食草动物的心理，不管他们首先踏入的是哪一条道，都是埋头苦干，不计后果地坚持下去。即使面对的是一堆鸡肋，明知已剔不出什么肉来，依然觉得扔了可惜。反复掂量之中，浪费了无数的时间精力。其实，任何一件事情的成功，除了坚持，更需要一种敏锐的判断力，对客观环境和自身的条件都应该有明确的认识。

有一位企业家，别人问他成功的秘诀是什么。他毫不犹豫地说："第一是坚持，第二是坚持，第三还是坚持。"听的人心里暗笑，没想到那位企业家意犹未尽，最后又加了一句："第四是

放弃。”

　　作为一个成功的企业家怎么可以轻言放弃？该放弃的时候就要放弃，企业家说：“如果你确实努力再努力了，还不成功的话，那就不是你努力不够的原因，恐怕是努力方向以及你的才能是否匹配的问题了。这时候最明智的选择就是赶快放弃，及时调整，及时掉头，寻找新的方向，千万不要在一棵树上吊死。”

　　企业家还讲了一个故事：有一次殿试时，乾隆皇帝给举子们出了一个上联“烟锁池塘柳”，要求举子们对下联。一个举子想了一下就直接回答说对不上来，而其他的举子还在冥思苦想，乾隆皇帝听了直接点那个回答说对不上的举子为状元。因为这个上联的五个字以“金木水火土”五行为偏旁，几乎可以说是绝对。那个说对不上的考生思维非常敏捷，很快就看出了其中的难度，他不愿意把时间浪费在几乎不可能的事情上，便大胆地放弃了。乾隆皇帝不仅看出了他的聪明还看到了他的自知之明，他因此而得到状元。

　　对于那些在“坚持就是胜利”的教育中长大的人来说，现在很有调整一下思维方式的必要。你没必要坚持“人定胜天”，而无休止地与客观规律较劲儿。知人者智，自知者为明，找到自己适合的方向，远胜于一条道跑到天黑。

　　奥托·瓦拉赫是诺贝尔化学奖的获得者，他的成才经历充满了传奇色彩。在他开始读中学时，父母为他选择的是一条文学道路，不料一个学期下来，老师对他定下了这样的评语：“瓦拉赫很用功，但过分拘谨，这样的人即使有着完美的品德，也决不可能在文学上发挥出来。”此时父母只好遵从老师的意思，让他改学油画。可瓦拉赫既不善于构图，也不会润色，对艺术的理解力很差，成绩在班上是倒数第一，学校的评语更是令人难以接受："你是绘画方面的不可造之才。"

面对如此笨拙的学生，绝大多数的老师认为他已成才无望，只有化学老师对他做事一丝不苟的态度赞赏有加，认为他具备做好化学试验应有的品格，建议他去学化学。父母接受了化学老师的意见。这下子，瓦拉赫智慧的火花在瞬间被点燃了。绘画方面的"不可造之才"一下子变成了公认的化学方面的"前程远大的高材生"。在同学中，他一直遥遥领先。

瓦拉赫的成功说明了这样一个道理：人的智能发展是不平衡的，都有强势和弱点。人一旦找到了自己智能的最佳点，使智能潜力得到充分的发挥，便可以取得惊人的成绩。这一现象人们称之为"瓦拉赫效应"。

但遗憾的是，生活中我们往往没看到真正适合自己的点，即使它已经来到了我们身边，却仍然视而不见，反倒是跟随别人的脚步，追随着那些不适合自己的生活方式。生活中，你是不是也削尖了脑袋要往"热门专业"里钻？你是不是看到别人薪水高就忘记了自己的长项与兴趣？这时候，首要的问题不是还要不要坚持下去，而是重新做出适合自己的选择。

乔治毕业于法国一所著名的工程学院，毕业后，他毫不费力地找到了一份专业对口的工作。但是，几年后，他越干越力不从心。后来，他回忆说，当工程师需要一种严肃而自律的精神，但是，自己恰恰缺少这种精神。与此相反，他性格外向，富有亲和力，又特别钟爱四处活动。按部就班的工程师工作很难使他获得心灵上的满足，提高不了工作的积极性，无法在这个行业实现事业的突破，所以，他很苦闷。在一次经济大萧条中，乔治被淘汰出局，成为了一名失业者。这一次，他准备寻找一份适合自己的工作。抱着试试看的心态，他进入了一家工程销售公司，负责技术产品的销售。结果他的特长渐渐得到了发挥，不到两年，他成为了一名颇有成就的职业经理人。

世界上有半数的人从事着与自己的天性格格不入的职业，因此失败的例子数不胜数。在职业生涯的选择方面，要扬长避短。西德尼·史密斯说："不管你擅长什么，都要顺其自然；永远不要丢开自己天赋的优势和才能。"

只有当一个人选择了适合他的工作，找到了适合自己的位置时，才有可能获得成功。就像一个火车头一样，它只有在铁轨上才是强大的，一旦脱离轨道，它就寸步难行。

不过，你就算给自己定位了，如果定位不切实际，也不会取得成功。生活中，很多二十几岁的年轻人对自己的长处认识得还不够充分。例如，善于待人接物的人并不认为他们的特长与别人有什么区别；口才出众的人也不一定会想到这可是自己身上的一个长处，有些时候，正是因为我们在生活中会不假思考地运用自己的特长，反而更容易忽视它们，不知道它们对自己有多么重要。这种人的失败，在于没有找准自己的位置，丢了自己的长处，而用了自己的短处。

很多人往往一时很难弄清楚自己的优势所在，这就需要你在实践中善于发现自己、认识自己，不断地了解自己能干什么，不能干什么，如此才能取己所长、避己所短，进而取得成功。

事物总是不断发展变化的，如果一味地坚持自己的执著，不注意发现新情况，就免不了会吃大亏。所以我们必须面对现实，对于无法实现的人生理想，该放手的时候一定要放手，要学会适时地转弯，放弃无谓的执著。一个人要想在学习或事业上有所成就，一定要有适应环境变化以及适应新环境的能力，否则，对于新生事物觉察不到，只是一味地坚持，最终会被环境所逐渐淘汰。

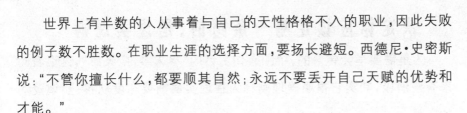

◎ 决定你应该走哪一条路的，是现实规则

人是需要学会转弯的，中国有句古话叫"尽人事，应天命"，这话看起来有些消极，其实它很明确地阐释人在现实面前要态度从容、步调灵活的道理。

我们为理想努力，那是"尽人事"，当这种努力在现实中碰了壁的时候，下一步的方向就是"应天命"了。人生宜于建功立业的好年华有限，30岁以前，我们每个人都应当学会调整好理想与现实之间的关系。

古时有个渔夫，是出海打鱼的好手。可他却有一个不好的习惯，就是爱立誓言，设计好了什么事儿，八头牛也拉不回头。

这年春天，听说市面上墨鱼的价格最高，于是他便立下誓言：这次出海只捕捞墨鱼。但这一次渔汛所遇到的全是螃蟹，他只能空手而归。回到岸上后，他才得知现在市面上螃蟹的价格最高。渔夫后悔不已，发誓下一次出海一定要只打螃蟹。

第二次出海，他把注意力全放到螃蟹上，可这一次遇到的却全是墨鱼。不用说，他又只能空手而归了。晚上，渔夫摸着饥饿难忍的肚皮，躺在床上十分懊悔。于是，他又发誓，下次出海，无论是遇到螃蟹，还是遇到墨鱼，他都要去捕捞。

第三次出海后，渔夫严格按照自己的誓言去捕捞，可这一次墨鱼和螃蟹他都没见到，见到的只是一些马鲛鱼。于是，渔夫再一次空手而归……

渔夫没赶得上第四次出海，他便在自己的誓言中饥寒交迫地死去。

这当然只是一个故事而已。

世上没有如此愚蠢的渔夫，但是却有这样愚蠢至极的誓言。无论如何，人不应该为不切实际的誓言和愿望而活着。当一个人屡屡碰壁而不知转弯的时候，理想就成了人生的负担。

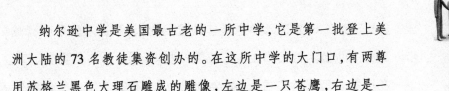

纳尔逊中学是美国最古老的一所中学，它是第一批登上美洲大陆的 73 名教徒集资创办的。在这所中学的大门口，有两尊用苏格兰黑色大理石雕成的雕像，左边是一只苍鹰，右边是一匹奔马。

300 多年来，这两尊雕塑已经成了纳尔逊中学的标志。它们或被刻在校徽上，或被印在明信片上，或被缩成微雕摆放在礼品盒中。许多人以为鹰代表着鹏程万里，马代表着马到成功。

可是，仔细研究历史，了解了这两尊雕塑的缘起，就会发现，根本不是那么回事。

那只鹰所代表的不是鹏程万里，它其实是一只被饿死的鹰。这只鹰为了实现飞遍世界的远大理想，苦练各种飞行本领，结果忘了学习觅食的技巧，它在踏上征途的第四天就被饿死了。

那匹马也不是什么千里马，而是一匹被剥了皮的马。开始的时候它嫌它的第一位主人——一位磨坊主给的活多，乞求上帝把它换到一位农夫家。上帝满足了它的愿望，可是后来它又嫌农夫给它的饲料少。最后它到了一位皮匠手里，在那儿什么活也没有，饲料也多，可是没几天，它的皮就被剥了下来。

那 73 名教徒之所以把这两尊雕塑耸立在学校的大门口，为的是让学生们警醒。

真正能把人从饥饿、贫困和痛苦中拯救出来的，是劳动和生存的技能，而不仅仅是一个人拥有多么丰富的知识和多么崇高的理想。人生对每个人都是一场综合的考验，不会对谁网开一面。在现实生活中，想得远不是错误，前提是你必须做得踏实。30 岁以前，年轻人的浮躁是普遍存在的，具体表现在事情刚做到一半，就觉得要大功告成，开始飘飘然起来。急功近利，只讲速度，不讲质量，看不起眼前的小事，认为如此做不出什么名堂来，没有什么意义。

让自己沉下心来进入角色是非常重要的,越早进入就意味着越早地步入事业的轨道。每天都让自己成熟一些,浮躁之气自然会少下来。

在很多公司招聘广告上,都会列出一条"有五年以上工作经验者优先"。这是什么意思?你以为这只是单纯地在强调工作经验吗?一个经营装修公司的老总说,其实装修做一年的经验和做五年的差不多。但是如果一个人有五年工作经验,他就会明白他不能在我的公司实现他做贝聿铭的理想。他要是贝聿铭,他早就找到成为贝聿铭的方法了,还等着我来发现他挖掘他?他不会在我的公司抱怨我没有给他条件,我凭什么给他条件?我给我自己条件好不好?一般工作五年以上的人,会懂得把哪些梦想藏在心中。而且一般比较清楚通过努力自己能够得到什么样的工作和生活。他会算得清清楚楚,自己几年之后可以买车,几年之后可以买房。为什么西方一些企业在提拔主管的时候会考虑一个人的婚姻状况?因为企业一般认为结婚的人比未婚的人更有责任感。而事实上,是结婚的人比未婚的人更懂得妥协。想一想,工作不是和婚姻有很类似的地方吗?一桩婚姻要持久有效,难道能不学会自己给自己搬梯子,找台阶?要不,真僵住了,一个说"离",一个说"好",怎么办?真离了?那还过什么日子呀?工作也是一样,除非是你不想干了,否则老板说你两句,你脖子一梗,说"老子不干了",然后呢?可不能图一时痛快呀!好日子是怎么出来的?是过出来的。

当然你可以选择不妥协,像贝多芬那样,像布鲁诺那样,像许许多多的英雄那样,即使被五马分尸、被绑在火刑架上也不妥协,但是那和好日子没有关系。好日子讲究的是"小不忍则乱大谋"。对于妥协的其实等于迂回前进的道理,明白得越早越好,如果等碰得头破血流时再后退,付出的代价就未免太高了。

敌人和朋友并非不变的，切忌自设障碍

做事灵活，就要求我们不能戴着有色眼镜看问题，为人处世，要往远处看，不能因为一时一地的是非恩怨而堵了自己以后的路。

在日常人际交往的过程中，我们不免会遇到些许摩擦与不快，每当这个时候，我们面对问题的态度，就往往体现了一个人的心胸与度量：心胸狭窄的人选择斤斤计较，因而"失众友"；心胸宽阔的人，选择用宽容包容过去，因而"聚众朋"。一个人要开创自己的事业，求同存异无疑是必须采取的策略之一。因此，我们应该团结一切不利于自己的因素或敌对力量，为我们的最终目标服务。

英国首相丘吉尔曾有一段名言："没有永久的敌人，也没有永久的朋友，有的只是永久的利益。"他一生都在奉行着这句话，在用人上也是如此。丘吉尔作为保守党的一名议员，历来非常敌视工党的政策纲领，但他执政时却重用了工党领袖艾德礼，自由党也有一批人士进入了内阁。更值得称道的是，他在保守党内部，对前首相张伯伦也没有以个人恩怨去处理他们之间的关系。他不计前嫌，很好地团结了他们，显示了他的胸怀和高明的用人之术。

张伯伦在担任英首相期间曾再三阻碍丘吉尔进入内阁，他们政见非常不合，特别是在对外政策上存在很大的分歧。后来张伯伦在对政府的信任投票中惨败，社会舆论赞成丘吉尔领导政府。

出人意料的是，丘吉尔在组建政府过程中，坚持让张伯伦担任下院领袖兼枢密院院长。他认识到保守党在下院占绝大多数席位，张伯伦是他们的领袖，在自己对他们进行了多年的批评和严厉的谴责之后，取张伯伦而代之，会令他们许多人感到不愉快的，接受丘吉尔做首相，是他们的痛苦。为了国家的最高利益，丘吉尔决定留用张伯伦，以赢得这些人的支持。

后来的事实证明，丘吉尔的决策非常英明。当张伯伦意识到自己的绥靖政策给国家带来巨大灾难时，他并没有利用自己在保守党的领袖地位刁难丘吉尔，而是以反法西斯的大局为重，竭尽全力做好自己分内之事，对丘吉尔起到了极大的配合作用。

当人与人之间争端纷起时，难免要侵犯到彼此的利益，如此一来，大家对于敌对方的情绪会越来越恶劣。而能与自己的敌人携手是站在主动地位的人，能站在主动地位的人不受制于人，你采取主动，不只打动对方，甚至会让他误认为你们已"化敌为友"。可是，是敌是友，只有你心里才明白，但你的主动，却使对方处于"接招"、"应战"的被动的态势，如果对方不能也"爱"你，那么他将得到一个"没有器量"之类的评语，一经比较，两人的分量立即有轻重，所以当众拥抱你的敌人，除了可在某种程度上降低对方对你的敌意之外，也可避免恶化你对对方的敌意。换句话说，为敌为友之间，留下了条灰色地带，免得敌意鲜明，反而阻挡了自己的去路与退路。人是群居的动物，跟周围的人做朋友，大家携手共进，你的好口碑才会逐渐树立起来。这样成功的阻力减少了，增加的都是前进的润滑剂。把自己融入现实之中并没有想象中的那么困难，即使你一向厌恶的人，只要有心，慢慢地也会建立起一种亲密的关系。

请记住一句话：敌意是一点一点增加的，也可以一点一点削弱。

比如常听音乐的人，一般都有派别之分，他们常自诩自己是古典音乐派、爵士音乐派、流行歌曲或民谣派，就好像是政坛上的党争，从不轻易越雷池一步。但是经过调查之后，才明白他们的好恶，并非是绝对的。

人们对于自己还没有了解的东西，总有一种天然的抗拒感。比如有人声称自己讨厌爵士乐，但是多听过几次爵士乐之后，又可能会逐渐接受它并且喜欢上它。人们对于接触次数多的事物，都会或多或少地产生亲切感，"讨厌"有时候只是自己的主观感觉。

这个道理对人也是一样的。觉得讨厌的人，和他交往一段时日后，可能就会发现他的一些优点，从而改变了当初的印象。我们要在社会中生存，你不喜欢很多人，拒绝和他们亲近，他们同样也就没有喜欢你的理由，这会使我们的处境非常艰难，走到哪里都是一片荆棘。所以我们要尽量与人亲善，消除他们在我们心中的坏印象。

　　"厌恶"并非天生，也非绝对，多半是由于缺乏亲切感而引起的。马戏团里，驯兽员面对一些毒蛇猛兽的时候，最初总是要下意识地躲避，但是与它们熟悉之后，不安与恐惧感便会渐渐消逝。相同的道理，对于讨厌的人，只要不断地接触，当熟悉对方以后，厌恶的感觉便会逐渐消逝。

　　如果我们的周围敌人多而朋友少，本来可以很顺利的事儿，也可能会遇到一些不必要的阻挠，我们的时间与精力，很可能有一大部分要损耗在这种无谓的纷争里。为了早日达到你心中的理想境界，还是别打那种误人误己的消耗战。

做事讲辨识:

出门看天色, 进门看脸色

生活中, 有些年轻人为了显示自己的热情, 而对自己刚刚接触到的事物就毫无保留地发表意见, 这是为人处世的大忌。

所谓做事讲辨识, 就是对每件事不要被其表面现象所迷惑, 而要仔细体察它的来龙去脉和盘根错节的关系, 看清、看透, 然后再决定自己下一步的做法。

◎ 对危险和麻烦要有灵敏的嗅觉

在一些小说和影视剧里, 有一种固定的套路, 若是某人无端遭遇了横祸, 办案人员首先要调查他的人际关系。若此人性格谦恭, 与人为善, 基本上就排除了挟仇报复的可能性, 如果他一贯争强好胜, 言行不谨, 就很容易招来嫉妒和仇怨。

孔子有句话, 叫做"危邦不入, 乱邦不居。天下有道则见, 无道则隐。"就是说不进入存在危险的国家; 不居住在动乱的国家。天下太平就出来做官; 天下不太平就隐居不出。这是一个人保全自己的方法, 是一切大原则的根本。

福祸无门, 唯自招之。无论任何时代, 如果我们思维迟钝, 言行不谨, 就很容易让自己陷入一种烦难之境。

对于当代的年轻人, 世界清平, 绝对的"乱邦"、"危邦"并不存在, 但在我们的生活中, 依然常有险地, 必须要学会识别。孔子的"不出"与"不入", 是预先警惕, 从根本上斩断与危机的联系。而在现实中, 危险并不会划定疆界，立着招牌，这就随时考验着人们察识吉凶的能力。

一旦我们看出事情不对路，就要先做好全身而退的准备，暗暗地把风波化于无形之中，过后依然风平浪静，就像没这回事儿一样，那才是高明的手段。

汉朝有个谋士叫陈平，有一天，他穿了一套新衣服，腰上佩着一把宝剑，来到渡口，找到一个船夫替他撑船过河。

船夫看他穿着新衣，以为他腰包里装了不少金银财宝，便想等船到河中央时，谋财害命。陈平坐在船尾，看船夫不住飘过来不怀好意的眼光，知道他心中有邪念，便故意叫着说："哎呀！好热哟！要不要我来帮你撑一会儿船？"说着，一面当着船夫的面，把身上的衣服一件件脱下来放在船板上。船夫看他脱下衣服时，并没钱币落地的声音，知道他身上没有财宝，便打消抢劫的坏主意了。

年轻好盛的人，大抵想弄弄波涛，试试身手，其实这却大可不必，天下太平了，岂非更省些心力？要知道，经常犯险的人，谁没有失手的时候？

也许有人会说我的生活圈子很小，没有那么多的江湖风波。那么我们可以这么理解，凡是工作生活中的麻烦的、不愉快的事儿，都是危乱之地，能避开的时候就要避开。

北宋学者邵雍，字康节，是个有名的大学者，当时人称他为康节先生。宋神宗熙宁初年，王正甫在洛阳当官，负责发放俸禄和军饷。有一天他邀请邵康节和吴处厚、王平甫一起吃饭，邵康节借口有病推辞了。第二天，王正甫来访，询问邵康节为什么推辞，邵康节解释说："吴处厚这个人好发表议论，常常讥讽王安石实行新法。而王平甫又是王安石的弟弟，虽然不太赞同他哥哥的主张，但如果别人当面骂自己的哥哥，总会觉得不好受，这就是我推辞不去的原因。"王正甫感叹道："正如先生所料。昨天吴处厚在酒桌上诋毁王安石，王平甫很生气，要把这些话记下来送到官府。我在中间给他们调解，费了好大力气，他们这才作罢。"

邵康节能未卜先知，看出这顿饭必然吃得不愉快，在于他在生活中处处小心留意，对每个人的性情、喜恶都很清楚。这样对于一些烦难之事，就可以做出恰当的选择。

如果我们要保持自己正常平稳的生活节奏，就千万要注意不可陷进各种是非当中去。生活中各式各样的人都有，有的人天生就喜欢挑起是非和争端。想去影响一个人、改变一个人不容易，但是避开他们则是简单可行的。省去一些不必要的麻烦，我们才有更多的时间和精力去做自己喜欢的事。明哲保身这个词，古人很提倡，现代却已有了回避斗争的消极之意。对于是要做个"明人"还是做个"斗士"的问题历来见仁见智，今天我们不去争辩，你尽可以根据自己的处境、位置和力量的强弱，做出一种切实的选择。

尤其是你刚到一个新的环境时，一切都是陌生的，多观察、多思考、少探听、少说话是尽快适应新环境的最明智之举。

一个人心眼再多、算计再深也有马失前蹄的时候，一般人到此时往往坐叹大势已去而不知如何挽回，真正的聪明人，却懂得防患于未然，让自己的路走得更平稳一些。

◎ 看事情要看透它的深层原因

古人云：三思而后行。一件看似不合理的事情，或许又有它盘根错节的深层原因，谁是它的执行者？谁又是它的主使者？弄清楚这些来龙去脉之前，先别急着给它定性。

光绪年间，原来新疆回民起义一起，俄国以保侨为名，出兵占领了伊犁，扬言暂时接管，回民起义一平，即当交还中国。等到左宗棠西征，先后克复乌鲁木齐、吐鲁番等重镇，天山南北路次第平靖，开始议及规复伊犁、要求俄国实践诺言，而俄国推三阻四，久借不归的本意，逐渐暴露。于是左宗棠挟兵力以争，相持不下。这样到了光绪四年秋天，朝议决定循正式外交途径以求了结，特派左都御史崇厚为出使俄国钦差大臣，又赏内大臣衔，为与俄议约的全权大臣，许他"便宜行事"。

崇厚抵达俄京圣彼得堡，谈了半年才定议，他以"便宜行事"的"全权大臣"资格，在黑海附近，签订了《里瓦几亚条约》，内容是割伊犁以西以南之地予俄，偿付"兵费"五百万卢布，增开通商口岸多处，允许俄人通商西安、汉中、汉口，以及松花江至伯都讷贸易自由。

消息传回国内，舆论大哗，痛责崇厚丧权辱国。而崇厚敢于订此条约，是因为背后有个强有力的人在支持，他就是直隶总督北洋大臣李鸿章。此时李鸿章在军务与洋务两方面的势力，已根深蒂固，难以摇撼。在议约的半年中，崇厚随时函商，获得李鸿章的同意，才敢放心签约。

而李鸿章的居心又如何呢？

这皆因他个人私心所致，第一，如果中俄交恶而至于决裂，一旦开战，俄国出动海军，必攻天津，身为北洋大臣的李鸿章，就不知道拿什么抵挡了。其次，左宗棠不断借洋债扩充势力，左宗棠镇压太平军、捻回起义，二十年指挥过无数战役，麾下将校，从军功升至总兵、提督的，不知凡几。若这仗再打下去，两人势力不免此消彼长，绝非李鸿章所乐见，伊犁事件一结束，左宗棠班师还朝，那就无异解甲归田了。

有时候，一件看起来荒谬至极的事情，却有它不可言传的深层原因，在还没摸清深浅之前，先不要忙着与其唱对台戏。

任何事情都不是孤立存在的，如果把它放在当时的大环境考虑，你会发现也许它会牵一发而动千钧。上至家国大事，小到一个圈子里的平衡，在幕后，总有一些盘根错节的故事。

比如，在偶然机会下，你获悉一个秘密——上司跟某同事勾结，利用职权套取公司的一些方便或好处。即使不是直接损害公司的利益，起码也是对公司不公平的，看在眼里，你一定有揭发他们的冲动。

然而，且慢，奉劝你作出义举前先详细分析情况。

你告发他们的目的是什么？要轰走他们？还是只收杀一做百之效？无论如何，你必须了解一下，一旦行动，后果怎样？

老板知道了这回事，必然不能容忍，肯定会辞掉两人，同时会更注意内部的各项制度，甚至立刻整顿人事。此举可能令你成为不受欢迎人物，在公司里被孤立。

只要你认定付出这代价是值得的，大可按计划行动。

如果老板是默许那种事存在的，那么你去告发，等于枉做小人了，而且多数无济于事，到头来你或许会被人瞧不起。在这样的情况下你只有两个选择，一，是接受上司与同事勾当的事实；二，便是另谋他就，眼不见为净。

余小姐的第一个工作是出版社的助理编辑，她文笔不错，学习意愿高，因此才进出版社3个月，与出版有关的事已熟悉得一清二楚。

有一次，老板召集大家开会，轮到余小姐报告时，她提出印刷质量不好及印刷成本太高的问题，并说假如能降低5%的成本，每个月就能省下二三十万，说到激动处，还说那家印刷厂"吃人不吐骨头"。

老板对她的报告没有发表任何意见，但从这一天开始，余小姐开始感受到负责印务的同事对她的不友善。

第四个月，余小姐离开了这家出版社。

年轻人最容易犯类似余小姐的错误，因为年轻人纯真、热情、有正义感，在工作中更是力求表现。

余小姐应该只是协助做好编辑业务，每本书的印发另有其人。负责编辑的人理应有权对书的印刷质量表示意见，因为质量不佳，影响销路，编辑部门也难逃被检讨的命运。但余小姐只是一名新进的助理编辑，年纪轻、职位低，在公开的会议上检讨、批评别的部门所负责的工作，本就要冒一些风险。

任何人都不喜欢被批评检讨，尤其是在公众场合。因为一则有伤自尊，一则任何批评检讨都会引起旁人的联想与断章取义的误解，总之，是带有伤害性的一件事。余小姐的批评，狠狠地踢了印务部门一脚，印务部门的同仁不记在心里才怪！

任何单位都会有"油水部门"，以出版社来说，印务部门就是"油水部门"。不管承办此项业务的人有没有拿到油水，被批评"质量不好、成本太高"，就等于被人指桑骂槐，暗示"放水、拿回扣"，此事攸关面子及操守，承办人员的心情也就可想而知了。

有些老板会对余小姐这种做法抱着沉默态度，不处理，也不劝诫当事人"少开口"，目的便在于利用双方的矛盾，让他们相互制衡，并从中获取情报及员工的隐私。余小姐未明白此点，而老板也没有因为她的忠诚而刻意保护她。因此，她选择了离开。

你的单位越大，人际关系也就越复杂。因此你必须多听多看多了解单位内的人际关系，尽可能冷眼旁观，不要卷入无谓的斗争中，陷于被动。

◎ 听话听音，留心对方的真实意图

在我们小时候，难受了哭，高兴了笑，心里想什么，脸上马上就显现出来。而对成年人，这种"透明"的表现就不常见了，与人相交，察颜观色，听话听音也就成了必备的功夫。

学会察颜观色，留意对方身边的事物，从中了解他的心态，并把话说到他的心里，这样才能赢得对方的好感。这时，你无论办什么事，都会顺利得多。

听话要听音，不管他以什么方式讲出来，基本的框架还是不变的。要是听者在理解上出了偏差，那是自己的道行不够。

张宁大学毕业后，在公务员考试中脱颖而出，面试后直接进入某处工作。主管人事的副处长发现张宁是自己校友，便把她找来单独谈了几句话。问过一些老教授的近况之后，副处长道："你初来乍到，情况不熟悉，先随便看看，多向老科员学习，工作上有什么想法，可以慢慢来。"在副处长心里，机关里的人事关系复杂，这小师妹刚出校门，年轻气盛，别不小心冒犯了前辈，有妨大局。但张宁心思单纯，对由学生到科员的角色转换又不能很快适应，得到上司这句话，越发散漫起来，对各项工作都只是走马观花地看一看。没多久，单位就开始有"新来的大学生每天都东游西逛，不务正业"的闲言。

所谓"拿着棒槌当针"的，指的就是言行不经大脑的事儿。本想轻轻点拨一下的，结果却适得其反。但是若把这话挑明了，叽叽嘀嘀地提醒她："咱们这单位不好弄啊！各守一摊，占山为王，你要多加小心，不明白的情况不要乱插手。"这话倒是不容易产生歧解了，可这也不是领导者的做派呀！再说既当了领导，那半含半露的官腔肯定已打得习惯了，话不落实处，就不落把柄，里里外外都是君子。长久看来，肯定还是利多弊少的。既然我们想让身边每个人直接以"口中言"说"心中事"不可能，那么作为一个会听的人，除了将对方所说的话照单全收之外，还要听出其言外之意，尽可能地收集相关的信息。要从说话者的言语中听出背后隐含的信息，把握住说话者的真实意图。

明朝嘉靖年间，皇帝痴迷于修道，不理朝政。奸臣严嵩和其子严世蕃不但写得一手好"青词"（修道者写完后在祭礼中焚烧，向上天祷告的文章），为皇帝所欣赏，而且极尽逢迎讨好之能事。当时皇帝所炼之"仙丹"，严嵩总是主动要求替皇上试服，以至常常药物中毒。这样的"忠臣"，嘉靖皇帝自然非常宠信，连连提拔，很快就将严嵩升为内阁首辅。

一人之下，万人之上的严嵩，贪赃枉法、祸国殃民，而且纠集了一大批党羽，把持朝政。朝野上下的正直之士都敢怒而不敢言。即便是嘉靖皇帝的两个儿子裕王、景王，虽然很厌恶严嵩，但也不敢对他怎么样。内阁次辅（二把手）徐阶，在这样一股气氛下也只能韬光养晦，以待时机。

可有一个人却不计个人安危，毅然向皇帝上书，奏报严嵩的十罪五奸。这个人，就是官至兵部员外郎，被誉为明朝第一铁汉的杨继盛。

杨继盛的这一次弹劾，被人称为"死劾"。在这之前，他焚香沐浴，交待后事。杨继盛的清直之名朝野皆知，处于深宫的嘉靖皇帝也有所听闻；他以死相谏的勇气让世人惊佩，不少人的良知被他所唤醒，准备声援于他；他奏折中所列严嵩的罪状也是查有实据，众人皆知。

可结果是，严嵩未倒，杨继盛却被抓进锦衣卫诏狱，受尽酷刑，三年后被斩于市。

杨继盛的悲剧，表面看起来是他在与一手遮天的严嵩斗争失利，折于奸臣之手。而事实上，是杨继盛不能体察帝王的心思，犯了大忌而不自知。

在杨继盛的奏折上有一句话"或问于裕、景二王"。裕、景二王都是嘉靖皇帝的儿子,杨继盛是在说,作为大明朝的臣子,检举不法是我的工作职责,我在奏本上所列的严嵩的罪状也都是实实在在的,皇上您要不信,召您的两个儿子裕王、景王一问就清楚了。

问题就在这上面。对于嘉靖皇帝来说,自己还处于春秋鼎盛之势,最怕的就是儿子勾结大臣来逼宫。明朝制度,皇子不得结交大臣,你杨继盛让我去问裕、景二王,是不是他们指示你当先锋,来打击忠心于我的重臣?是不是你想挑起又一轮朝中势力的角逐?如果不是,你拉扯我的两个儿子干什么?藏在你背后的那汪水,究竟有多深?

杨继盛的本意只是想加重自己这份奏报的分量,以为只要裕、景二王一出面作证,严嵩就罪责难逃了。哪知就这么一句话,倒是让嘉靖皇帝又结结实实地护了一回严嵩的短。

杨继盛的失败,不在于是非对错、力量大小,而在于他对政治的敏感性不够。拿错了"钥匙",自然就打不开那扇门。

今天,在我们身边生死存亡的斗争并不常有,但是一些是是非非依然存在。要保全自己,你应该先静下心来,确定别人——尤其是能决定你前程的人想要什么,他希望留给你什么印象,或希望你喜欢他,还是尊敬他。这样,才能不犯那些南辕北辙的错误。

◎ 随机应变,让自己处于不败之地

在千变万化的生活中,我们什么样的怪问题、什么样的棘手事都可能碰到,而对付这些问题的最佳方案,就是察识事态的轻重缓急,做出迅速灵巧的应变,切不可被某件事困死而陷于被动,自然,这种把握局面的能力也将会使你走出困境,走向成功。

在人际交往中，有时由于双方身份不同或处境不同，可能使一方处于十分不利的地位。当势力强大的一方故意发难时，弱方用硬碰硬的办法与之争斗是会吃亏的。要想坚持原则又能获取胜利，最好的办法就是以软击硬，绵里藏针的手段去与对手周旋。

武则天原名武媚娘，本是唐太宗宫里的才人，太宗对她倍加宠幸。公元694年，唐太宗因误服金石丹药，一病不起，他自己明白将不久于人世，但又舍不得才貌过人的武媚娘，于是便有让武媚娘殉葬的意思。这天太宗对武媚娘说："你侍候寡人多年，寡人也最宠爱你。寡人想效法古代帝王的葬礼……"话没说完，太宗又咳嗽起来。聪明绝顶的武媚娘稍加思索，立刻说："万岁，安心养病吧！臣妾明白万岁的心情。只是万岁您思虑太多，万岁是英明君主，恩德好比太阳的光芒普照人间大地。古人云：大德之人，必得长寿。万岁的龙体目前虽有小恙，很快就会康复的，我根本没想到万岁会舍下臣妾。我生与万岁共享人间富贵，死与万岁同坟共穴。臣妾现已下决心，立即去感业寺削发为尼，念经拜佛，为万岁祈祷长生不老。"听到武媚娘这么说，太宗只得应允。

武媚娘凭自己的聪明才智，避免了太宗口中要说出的"殉葬"二字。金口玉言那是天命，被武媚娘当机立断、伶牙俐齿地巧妙转移了棘手话题。终于，武媚娘得以死里逃生。

在我们的地位和力量都微不足道的特定环境下，就需要思维敏捷，应变能力强，善于随风使舵。

封伦是隋朝的大臣，隋朝立国不久，隋文帝命令宰相杨素负责修建宫殿，杨素任命封伦为土木监，将整个工程全交给他主持。封伦不惜民力，穷奢极侈，将一所宫殿修建得豪华无比。那个一向以节俭自我标榜的隋文帝一见不由大怒，骂道："杨素这老东西存心不良,耗费大量的人力物力,将宫殿修建得这么华丽,这不是让老百姓骂我吗?"

杨素害怕因这件事而丢了乌纱帽,忙向封伦商量对策。封伦却胸有成竹地安慰杨素道:"宰相别着急,等皇后一来,必定会对你大加褒奖。"

第二天,杨素被召入新宫殿,皇后独孤氏果然夸赞他道:"宰相知道我们夫妻年纪大了,也没什么开心的事了,所以下工夫将这所宫殿装饰了一番,这种忠心真令我感动!"

封伦的话果然被应验了。杨素对他料事如神很觉惊异,从宫里回来后便问他:"你怎么会估计到这一点?"

封伦不慌不忙地说:"皇上自然是天性节俭,所以一见这宫殿便会发脾气,可他事事处处总听皇后的。皇后是个妇道人家,什么事都贪图个华贵漂亮,只要皇后一喜欢,皇帝的意见也必然会随之改变,所以我估计不会出问题。"

杨素也算得上是个老谋深算的人物了,对此也不能不叹服道:"揣摩之才,不是我所能比得上的!"从此对封伦另眼看待,并多次指着宰相的交椅说:"封郎必定会占据我这个位置!"

可还没等封伦爬上宰相的位,隋朝便灭亡了,他归顺了唐朝,又开始揣摩新的主子了。有一次,他随唐高祖李渊出游,途经秦始皇的墓地,看到这座连绵数十里、墓中随葬珍宝极为丰富的著名陵园,经过战争之后,破坏殆尽,只剩下了残砖碎瓦。李渊不禁感慨万分:"古代帝王,耗尽百姓国家的人力财力,大肆营建陵园,有什么益处!"

封伦一听这话,明白了李渊是不赞同厚葬的了,这个曾以建筑穷奢极侈而自鸣得意的家伙立刻便换了一副面孔,迎合地说:"上行下效,影响了一代又一代的风气。自秦汉两朝帝王实

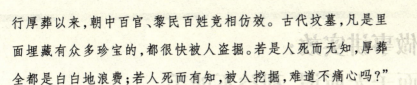

行厚葬以来，朝中百官、黎民百姓竞相仿效。古代坟墓，凡是里面埋藏有众多珍宝的，都很快被人盗掘。若是人死而无知，厚葬全都是白白地浪费；若人死而有知，被人挖掘，难道不痛心吗？"

李渊称赞他说得太好了，对他说："从今以后，自上至下，全都实行薄葬！"

封伦的为人，当然有可商榷处，但他顺应大势、借风使船的做法却值得我们好好玩味。

让上司看着顺心顺眼的小人，不是只用"谄媚"二字就可以概括的，他们必须能清楚地体察上司的心思好恶，并且具备做好实事的能力和水平。谁都愿意做个坦坦荡荡的君子，但是在做不成君子的环境里，我们也要拥有一定的生存能力。世上有很多事，不是非黑即白那么简单，先低头，才可能在以后抬头。

做事讲实效：

面子无所谓，利益不能丢

爱面子本是人之常情，但是如果只是为了面子上的好看，而损失了许多实实在在的利益，那就有点儿本末倒置了。

我们应当树立这样的思想：虚荣心不能当饭吃，许多看起来难以忍受的尴尬和伤害，只要当事人不在乎，就不足以把人击倒。务实的精神，是做大事、当大任的第一法则。

◎ 有实利，"低俗"一点儿又何妨

中国人爱面子，而且往往到了得不偿失的程度。因为爱面子，也怕没面子，所以总是千方百计地维护自己的面子，而正是在这一过程当中，他们失去了许多更为有价值的东西。"死要面子活受罪"说的就是这样一种现象。

有很多人在面子与利益的权衡上，采取一种务虚而不务实的态度，把面子放在第一的绝对不可动摇的位置，自动承受由此带来的利益上的巨大损失。而那些具有实干精神的开拓者，往往不会在意别人的眼光和负面的评价，全心全意地经营自己的一方天地，很"俗"的手段，倒取得了不俗的成绩。

脑白金因为一句广告词"今年过节不收礼，收礼就收脑白金"，几乎年年都被评为最恶俗的广告，令人不解的是，它竟然不屈不挠地连续恶俗了10年。那么这其中只有一个解释，脑白金的生产经营者，要的就是这个效果。俗不俗且不说，反正脑白金由此家喻户晓了，效益，比什么都有说服力。

事情往往就是这样的，我们一边认为某件东西、某种现象特低俗，一

边又不由自主地受了它的蛊惑。

我们为人做事，也是同样的道理。如果今天你还是无名小卒，把自己的名号打出去才是当务之急，先立住脚，然后再谈发展。有人讥讽那些乱演粗制滥造的电视剧的小演员：不管什么角色，先和观众混个脸儿熟。其实这种人，生命力强韧至极，他们在一部分人不屑的目光里，秀自己秀到人人皆知，活得有声有色。

在娱乐圈，没有人比杨二车娜姆的标签更花哨了，先前是"走出女儿国的公主"、"摩梭文化大使"或"外交官夫人"，近期又被传为法国总统的"绯闻女友"。网民更称其为"红花教主"、"娱乐教母"、"史上最牛钉子户评委"。

杨二车娜姆本人则表示："我的 2007 年内容很多，我相信中国娱乐界没有一个人有本事有我这样的成绩单，因为我的成绩不是单一的，而是 exvm（极端）"。

从母系社会直奔西方现代文明的杨二车娜姆永远特立独行，她经常对身边的人说"我是特殊材料做成的"。"特殊材料"赋予她无处不在的娱乐大众的潜质。风水轮流转，屡次出位恶搞的她也遭遇别人的恶搞。曾经创作过"徐静蕾裸画"的艺术家安迪画了一幅油画：画中的杨二车娜姆头戴红花，披着一头红发，身穿红袍，正托着右乳哺婴儿。意在嘲讽她为"娱乐教母"。

杨二车娜姆做何反应呢？她无视别人的讥讽，反而很喜欢这幅画，还吵着要买来收藏。杨二车娜姆把自己比喻成"回锅肉"，被人炒了一回又一回。"艺人、娱乐公司和媒体都拿我吸引眼球，我养活了多少人！"至于她自己，当然也在炒作中提升了名气。

据说有记者称杨二车娜姆为"杨二老师"。这个词当然别有用心，"二"在很多地方的方言里都有贬义，是头脑简单、冒失莽撞的意思。杨二车娜姆是少数民族，之前她不问世事，后来在国外忙于社交，对于"二"的言外之音可能并不明了，但是这又有什么关系呢？对于任何人，架子都不能端得太足了，否则，任你如何衣冠整洁、文质彬彬、学富五车，也只是一个无名无位的小人物，对社会的贡献和个人的价值，连"杨二老师"的一个零头都达不到。

这个喧嚣的世界上，有傻乎乎的聪明人，也有聪明的傻瓜，谁也别看不起谁。

在我们的现实生活中，你当然不必"俗"得那么花样繁多，但是为了长久的发展，炒热自己也是硬道理。如果感觉把握不好重点，可以从以下几个方面入手：

1. 练就真功夫、真本事，的确有能力帮助别人解决问题，或者把自己修炼成摇钱树。

2. 确定自己的能力在什么地方发挥威力最大。

3. 时刻关注自己喜欢的行业的信息，想办法参加那个行业的各种活动，哪怕是过客或者服务人员，以初步接触那个行业的人。

4. 积极参加自己喜欢的行业举办的各种比赛、竞赛和选拔赛。

5. 充分利用网络，把自己的知识、见解，对行业的分析、预测写上去，让更多的人关注。

做事不怕高调，总之，想尽一切办法让更多的人知道你，了解你，让他们遇到问题时能想起你，你需要的就是一次证明自己的机会。

◎ 放下身段，做大你的格局

一项来自西方的调查发现，中产阶级出身、在公立学校就读的孩子很难变成亿万富翁，因为他们缺少动力，他们通常会在文化上受到限制，无法在传统范畴外获得成功。在中国这种现象也很普遍,那些出生于小康之家的人,安逸生活和传统思想,限制了他们的进取精神,向上难以形成突破,向下又放不下架子,一辈子就那么平平稳稳、庸庸碌碌地过去了。

一个人对于自己身份的定位,一定要有一种客观的态度。将自己看得很低,固然会压抑了奋斗的激情,一天天得过且过;而端着身份的架子不放松,就等于给自己画地为牢,只能使未来的人生道路越走越窄。

20 世纪 70 年代初,美国麦当劳总公司看好台湾市场,准备正式将麦当劳打入台湾市场。他们需要在当地先培训一批高级干部,于是公开招考甄选。因为要求的标准颇高,很多有志的青年企业家都未通过。

终于,经过一再挑选,一位叫韩定国的公司经理脱颖而出。轮到最后一轮面试,麦当劳总裁与韩定国夫妇谈了三次,而且问了他一个出人意料的问题:"如果我们要你去洗厕所,你会愿意吗?"

当时,韩定国在企业界已经小有名气,要他洗厕所,岂不太侮辱人了吗?他还在深思时,一旁的韩太太幽默地回答:"我们家的厕所一向都是他洗的!"

麦当劳总裁一听非常高兴,当场拍板录取了韩定国。麦当劳总裁认为一个成功的企业家不仅要能干大事,而且小事也应干得很利索。

韩定国后来才知道,麦当劳训练员工的第一课题就是从洗厕所开始,因为服务业的基本理念是"非以役人,乃役于人",只有先从卑微的工作开始做起,才有可能了解"以客为尊"的道理。本来,洗厕所只是麦当劳员工培训的一部分,不分种族肤色,在世界范围内通行。中国的大男人韩定国一开始却难以接受,那是把它严重化了,上升到"折辱"的境地。其实,吃喝拉撒睡是人的本能,做些清洁善后工作也是应尽的责任，一个人的层次，并不是由做不做这些小事来界定的。

那些对身份顾虑太多、总是把自己定在某一种框框里的人有很多，比如，千金小姐不愿意与保姆同桌吃饭，博士不愿意当基层业务员，高级主管不愿意主动去找下级职员沟通，知识分子不愿意去做体力工作……固步自封，白白损失了无数的大好机会。而能放下身段的人，他的思考富有高度的弹性，不会有呆板的观念，能吸收各种信息，形成一个庞大而多样的信息库，这将是他的本钱。

在 19 世纪，一些德国移民来到了美国。他们资金微薄，也没有什么技能，不得已只好四处沿街叫卖，依靠小本经营谋生。当时来北美的移民平均每人身上带了 15 美元，而他们却只有 9 美元。一个观察家描绘德国移民当年的状况说："一个装备齐全的叫卖小贩，需要 10 美元的总投资：5 美元办一个执照，1 美元买个篮子，剩下的用来买货。"可以想象他们当年的困窘之状。

然而在不到两三年的时间里，许多德国移民的家庭就从难民变成了富有的中产阶级。到了后来，这里面竟然产生了后来富甲一方、声名远扬的戈德曼、古根海默、莱曼、洛布、萨克斯和库恩等巨富。到 20 世纪的中期，莱曼、沃特海姆、罗森杰尔德、洛温斯坦、施特劳斯等家族已经在北美称雄了一个世纪。他们是依靠自己"推小车起家"或者"靠脚板起家"的，这些成为了德国移民的自豪和骄傲。

法国思想家孟德斯鸠干脆这样评价他们这批移民的赚钱能力："记住，有钱的地方就有他们。"

这些德国移民的思想是开放的，他们甚至没有国家、种族和地域等等的限制。他们为了自己能够生存和发展，走遍了世界的各个角落。处在那种自由的气氛中，当机遇到来的时候，他们就利用自己的技能，在没有资本，没有工具的情况下，巧妙地利用了经济上的自由，沿着社会阶梯向上攀登。

体面的身份，家族的力量，运用得好，是可以为我们的事业增添助益的。如果抱残守缺，对自己曾经的高贵放不下，就只能像昔日的八旗子弟一样，把一点祖产吃净当光，然后百无聊赖地蹲在街头晒太阳。我们不能因为自己曾经穿过一双精美的皮鞋，就失去了轻装上阵、敢打敢拼的原动力。谁的身份都不是旱涝保收的铁杆庄稼，需要你拼搏的时候，要及时拿出光脚汉的勇气来。

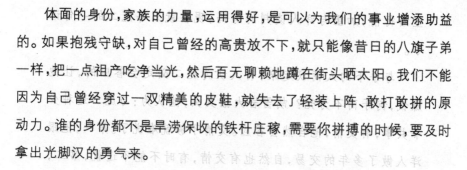 要"里子"的人，可以把"面子"让给别人

美国哲学家约翰·杜威说："人类本质里最深远的驱策力就是希望具有重要性。"我们生活中的每一个人，无论他是默默无闻还是身世显赫，也无论他是文明人还是野蛮人，年轻人还是年老人，每个人都有被重视、被关怀、被肯定的渴望，当你满足了他的要求后，他就会对你重视的事物焕发出巨大的热情，并成为你的好朋友。

在生活中，如果你是个对"面子"无所谓的人，那么你肯定是个不受欢迎的人；如果你是个只顾自己面子的人，却不顾别人面子的人，那么你肯定是个有一天会吃暗亏的人。只有给足别人面子，你才能获得好人缘。

事实上，给人面子并不难，只要你给人光辉，给人余地，就能做到这一点。如果你乐意给人面子，别人也就不会给你难堪，甚至会牺牲自身的物质利益来帮助你。

我国清代的红顶商人胡雪岩，之所以能在官、商两道畅行无阻，有一个很重要的原因就是他了解每个人都会看重自己的心理需求，并且尽力满足他们的这种心理需求。

年关将至，各处的账目和开销要了结，胡雪岩屯积在上海

的生丝必须要出手了。若与丝业世家的庞二商议妥当，就可以垄断行情，加重与洋人谈判的筹码，现在就只等庞二的一句话了。

与手下的人商议起来，有人认为庞二必定会答应的，让他赚钱，何乐而不为呢？胡雪岩大摇其头，他认为：与庞二这种少爷共事，有交情，他自然会答应。交情不够就难说了。第一，他跟洋人做了多年的交易，自然也有交情，有时不能不迁就，第二，在商场上，还有面子的关系，说起来庞二做丝生意，要听我胡某人的指挥。像他这样的身份，这句话怎么肯受？"

事情还是那个事情，关键就在于怎么说了，胡雪岩当场就教了手下的"公关"刘不才一套说辞。

刘不才如言受教，第二天专诚去访庞二，一见面先拿他恭维一顿，说他做生意有魄力，手段厉害。接着便谈到胡雪岩愿意拥护他做个"头脑"的话。

"雪岩的意思是，洋人这几年越来越精明，越来越刁，看准有些户头急于脱货求现，故意杀价。一家价钱做低了，别家要想抬价不容易，所以，想请你出来登高一呼，号召同行，齐心来对付洋人！"

轻轻一句话，便暗中转换了概念，将胡雪岩由倡导者的地位，说成随时可供庞二少爷驱策，这话不论谁听了，心里也会舒服些。合作的成功，也只是时间的问题了。

在这里，胡雪岩利用别人重视名字爱风光的心理，适时把对方推上前台，而自己甘心隐于幕后，从而借他人之名而成功实现自己的目标。并且大家都从中得到了自己想要的东西，皆大欢喜。精明的胡雪岩明白，名字虽然是你的，但东西是属于我的。他不计较这种表面的东西，也就得到了最实在的利益。

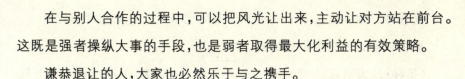

在与别人合作的过程中，可以把风光让出来，主动让对方站在前台。这既是强者操纵大事的手段，也是弱者取得最大化利益的有效策略。谦恭退让的人，大家也必然乐于与之携手。

一次，东芝公司一位业务员无意中向董事士光敏夫说了一件事情：公司有一笔生意怎么也做不成，主要是购方单位的负责人经常外出，自己多次登门拜访都扑了空。士光敏夫听了后，沉思了一会，然后说道："啊，请不要泄气，待我上门试试。"

这位业务员听说董事长决定亲自出马，不禁吃了一惊。他一方面担心董事长不相信自己的真实反映；另一方面担心董事长亲自上门推销，万一又碰不上那家单位的负责人，岂不是太丢一家大企业董事长的脸。他越想越怕，急忙劝说："董事长，您不必亲自为这些具体小事操心，我多跑几趟，总会碰上那位负责人的。"他没有理解董事长的想法。

第二天早晨，士光敏夫真的带着那位业务员亲自来到那位负责人的办公室，果然没有见到那位负责人。当然，这是士光敏夫预料之中的事。他没有因此而告辞，而是坐在那里等候。

等了很久，那位负责人回来了。当他看了士光敏夫的名片后，慌忙说："对不起，对不起，让您久候了。"

士光敏夫毫无不悦之色，反倒微笑着说道："贵公司生意兴隆，我应该等候。"那位负责人非常清楚自己企业的交易额不算多，只不过几十万日元，而堂堂的东芝公司董事长亲自上门进行洽谈，觉得十分有面子，因此，很快就谈成了这笔交易。

最后，这位负责人热切地握着士光敏夫的手说："下次，本公司无论如何一定再买东芝的产品，但唯一的条件是董事长不必亲自来了。"

那位陪同士光敏夫前往洽谈的业务员，看到此情此景，深受教育。他知道董事长此举不仅是帮他做成了一笔生意,而且教他以坦诚的态度赢得顾客。

《圣经·马太福音》中有句话:"你希望别人怎样对待你,你就应该怎样对待别人。"这句话被大多数西方人视为待人接物的"黄金准则"。真正有远见的人会在与他人的日常交往中为自己积累最大限度的"人缘儿",同时也会给对方留有相当大的回旋余地。给别人留面子,其实也就是给自己挣里子。

◎ 大目标要紧,受些贬损别当真

30岁之前,大部分的人做事是很"硬气"的,受不得折辱,吃不得口头亏,一言不合,则拍案而起。

这种作风实在是不可取的,认真想一下,在这场争论中,你输了,情形会更难看;即使你赢了,赢的也是一种表面胜利,对你的实际利益,你的长远发展并没有一点儿好处。

看看前人的故事,我们对以上观点就会有些更深刻的认识。

黄幡绰是唐玄宗时的宫廷艺人,口才好,诙谐有趣,很得玄宗喜爱。朝臣中有一位安西牙将叫刘文树的,也以能言善辩著称,无论什么事儿都能对答如流,唐玄宗每每夸赞他。

这位刘文树的胡须长在颔下,有点像猴子,玄宗一时兴趣大发,就让黄幡绰作一首打油诗嘲弄他。刘文树非常讨厌猿猴这个外号,就私下贿赂了黄幡绰,请他不要以猴子做比喻嘲笑自己。黄幡绰答应了他,在玄宗皇帝面前一本正经地说:"可怜好个刘文树,髭须共颏颐别住。文树面孔不似猢狲,猢狲面孔强似文树。"大意是:好个可爱的刘文树,连鬓胡须满脸是。文树的面孔不像猴子,猴子的面孔胜似文树。皇上知道黄幡绰是受了贿赂才这样说的,于是大笑了起来。

表面看起来,这位刘文树先生是个吃了暗亏的可怜人,而实则他却是占了极大的便宜。

刘文树相貌上的缺陷不愿被人提起,本来也是人之常情。如果开他玩笑的是同僚亲友,他大可发急、发怒,或者反唇相讥——以刘先生著称当朝的口才论,来人未必能占得了便宜。但如今拿他开涮的主谋是皇帝,这事儿就有些难办。好在皇帝本人并不亲自开口,刘文树就打起了破点儿小财买个体面的主意,于是他私下贿赂了宫廷艺人黄幡绰,希望他能口下留德,别说自己真像那猴子。

礼物黄幡绰收了,刘文树放心了。但是到了正式开涮时,黄幡绰玩儿了一个小小的花样,他不说刘文树像猴子,只说刘文树的相貌比猴子又差了一个级别。如此既不违反两人私下的约定,又尽情地涮了刘文树一把。玄宗李隆基,眼见得八面玲珑从不折跟头的臣子这一跤摔得扎扎实实,想不龙颜大悦都忍不住。

刘文树哑巴吃黄连,无端地为朝野增添了一个绘声绘色的笑料。

但是他究竟损失了什么呢? 他一根汗毛也没有少。玄宗看着他哭笑不得地站在座下,可怜、可笑兼可爱,以后再见到他,也觉得比别的臣子要亲切得多。只这一点,就千金不换。

反过来,假设黄幡绰真正接收了刘文树的"一点小意思",然后决不节外生枝,玄宗面前,只是不痛不痒地编排几句淡话应景。这下子倒不伤刘文树的自尊了,但一点儿小事都安排不下去,玄宗心里肯定不痛快。

天子的尊严是能轻易冒犯的吗? 虽不至于让你遭遇杀身之祸,仅让他看见你别扭就不得了,不但官职得不到升迁,而且也得不到皇上的赏赐。如果刘文树是真正的聪明人,相信他会心甘情愿地给黄幡绰捧哏,并且把自己的懊恼表演得十分到位。

在我们的现实生活中也存在同样的道理,对于那些有权有位的大人物或者是在某次事件中处于主动地位的人,要宁可受些小小的难堪来维护他们的尊严。这样,他们对你或多或少总会有一些心理负担,这就是你达到自己目标的引子。

有些推销员在推销产品时,打的就是"跑断腿,磨破嘴"的感情牌。在推销产品的时候,他们经常遭到客户的拒绝,可是过了一段时间以后,推销员又毫不气馁地来了。若客户说:"我们没有购买的意思,你再来多少次都是没用的,所以,我劝你不要浪费口舌了。"推销员却毫不在意,仍然鼓起精神,笑着说:"请别替我担心,说话跑腿,是我的职责,若您能给我一些时间,听我解释解释,我就知足了。"客户看见推销员汗水淋淋,却仍然一脸的笑容,不买就感到过意不去了,因此就买了一些。

下雨天下雪天更是推销员上门的好日子。外边下着雨,别人都坐在家中,可是推销员却站在门口,无法不使人们产生同情心,因此很难拒绝。尽管人们都知道,这是推销员采取的计策。可是毕竟他这么做了,对此你真能无动于衷吗?

这种推销方法巧妙地利用了人们的同情心,其实不想购买的人,也产生了"再也不能叫他白来了"的想法,使人们有一种心理负担,客户往往会想:"推销员如果多跑几个地方,可能产品早就已经推销完了,可是他却经常来这里,使他花了很多宝贵的时间,若不买他的产品,这样多对不起人呀。"这属于加重人们心理负担的推销办法。

若想使人们做出大幅度的退让,就应该让人们多积累一些微小的心理负担,当人们的心理负担扩大到一定程度的时候,人们就会做出让步了。

对于那些影响你前程的领导者,这种方法依然有效。

"磨"能够显示你的真诚,能够引起人们的注意,能够打动人。是主动地向对方解释和与对方进行沟通,不停地软化对方的过程。所以,需要你全身心地投入，要有百折不挠的精神。

"磨"应该不露锋芒，不讲要办的事情，只是不间断地接近对方，使双方的关系渐渐接近，使对方多同情你，从而产生帮助你的愿望。意思是说，你想办法和对方接近或者和对方家人接近，并且通过各种办法和他们搞好关系，从感情上贴近对方。这种感情上的"磨"，对方是难以拒绝的。

一些领导爱让人"磨"，不想轻易答复任何事情。你"磨"他，让他从精神上获得一种满足感，就是使他的权力欲得到了满足。在这种情况下更应去"磨"，若存有虚荣心往往会被对方笑话。他会说："他若再来一次我真会同意，谁叫他不来。"想通这一点，我们在办事的过程中所遭受的尴尬，也就是微不足道的小事了。

做事讲弹性：
大事精明不失算，小事糊涂解纷争

人一生要经历的事情不可胜数，如果事事都要认真盘算，势必会使自己筋疲力尽。所以，对一些不重要的小事最好能忍得一时之气，糊涂处之。

明白认真过了头，在别人看来就是冒傻气。许多时候我们装得迟钝一点，傻一点，糊涂一点，凡事不那么较真，反而会有利于做事，同时也能使场面圆满。

◎ 糊涂的智慧不是谁都能领略的

"难得糊涂"是清代郑板桥的名言，他将此观点阐释为："聪明难，糊涂亦难，由聪明转入糊涂更难。放一着，退一步，当下心安，非图后来福报也。"

按照新的观念，"难得糊涂"则是指一个人在非原则问题上不计较，在细小问题上不纠缠，对不便回答的问题可装作不懂，对危害自身的询问假作不知，以理智和"糊涂"平息可能发生的矛盾。做人过于苛刻，就容易失去人缘。生活中难得的不是聪明，而是难得糊涂。在小是小非面前装装糊涂，不失为睿智的明智之举。

假如有人告诉你："某某人在背后骂你。"你听后会作出什么反应？你可能会非常恼怒，立即去找这个人算账吧？如果是这样，那你不仅气坏了自己的身体，而且还会扩大事态，徒增痛苦。

富弼是北宋名相，在他年少时，有一次走在洛阳大街上，平白无故地遭人斥骂。有人过来悄声说："某某在背后骂你！"富弼说："大概是骂别人吧。"那人又说："人家指名道姓在骂你呢！"

富弼想了想说："怕是在骂别人吧,估计是有人跟我同名同姓。"
骂他的人听到后很是惭愧,赶紧向富弼道歉。年少的富弼分明
是假装糊涂,却显示了他的聪明睿智。

有位智者说,如果大街上有人骂他,他连头都不会回,因为他根本不
想知道骂他的人是谁。因为人生如此短暂和宝贵,要做的事情太多,何必
为这种令人不愉快的事情浪费时间呢? 可见,这位智者和富弼一样懂得
"难得糊涂"的真谛。

在我们身边,无论同事、邻里之间,甚至萍水相逢的人之间,不免会
产生些摩擦,引起些烦恼,如若斤斤计较,患得患失,往往会使人越想越
气,这样很不利于身心健康。如做到遇事糊涂些,自然烦恼会少得多。

谁人背后没人说,谁人背后不说人? 别人说你两句,就让他说吧,只
要无伤大雅。如果非要和别人较劲,那不是给自己找难受吗? 知道该干什
么和不该干什么;知道什么事情应该认真,什么事情可以不屑一顾。这种
"糊涂"更是一种智慧,一种做人的睿智。

人与人相处时,难免会有一些差异,会有一些小矛盾。对别人的小缺
点不要太在意,千万不要做一个小肚鸡肠、斤斤计较的人,否则没人喜欢
和你做朋友。

做人是这样,做事情也是这样,最高境界就是心里明白,外表糊涂。

魏国孝文帝有两个心腹大臣,一个是元志,一个是李彪。孝
文帝迁都洛阳后,任命元志做洛阳令。有一次,元志乘车上街,
遇到御史中尉李彪的车迎面而来。按当时的等级和礼节,职位
低的官吏应给职位高的官吏让道。可元志是好强的人,坚持不
给让道。于是两人争吵起来,一直闹到了孝文帝那里去评理。李
彪说:"御史中尉是皇帝的近臣,元志作为一个地方官,不让道
就是和御史中尉对抗! "元志却说:"我是皇帝所派的国都所在
地方长官,凡住洛阳的人,不管是谁,都编在我主管的户籍簿

里,我为什么要给御史中尉让路?"两人各执一词,"公说公有理,婆说婆有理"。孝文帝呢?看看两人都是自己的忠实臣僚,于是就"和"起了"稀泥",让两人以后分道而行。

元志和李彪因为争强好胜而闹到了皇帝那里,其实也只是意气用事罢了,两人并没有太多利益上的冲突。魏孝文帝清楚这一点,因而也不判明谁是谁非,干脆给出了一个"各自分路而行"的解决方案,让两人都有了充分的理由掉转车头,找个台阶下。这样,两人的争执就"不明不白"地解决了。

古今中外,大凡善于用人者,必有宽容之度,容人之量,"糊涂之心"。因为"金无足赤,人无完人"。只有看到别人的长处,容纳他人的缺点,善于"装糊涂",才能使人宽心、祛疑、进而尽心竭力。

不过分吹毛求疵,凡事皆留有回旋的余地,对微末枝节的小事不妨装装糊涂,这乃是大部分中国人处世为人的信条。

◎ 小事精明,必误大事

为人处世之难,往往与把握不好"精明"与"糊涂"的分寸有关。每个人都不想成为糊涂之人,这一点毫无疑问。但是,人与人间相处难免有是是非非。究竟该怎样处理呢?答案是,大事与小相对,精明与糊涂孪生。意思是说,对于大事应当精明,而对那些无关原则性的小事,则应该睁一只眼睛闭一只眼睛。

在现实生活中,我们身边经常有这样一些人,好像天底下只有他最精明,别人都是些傻子,无论大事小事,都要事事计较,处处谋算,玩弄心机权术。结果聪明反被聪明误。

还有一类人,总在鸡毛蒜皮的小事上"精明",什么东家长西家短,说起来头头是道，可是一遇大事则不知所措。其结果正如清代名臣左宗棠所言："凡小事精明，必误大事。"

西汉初年，班超为西域都护使。他在漠北任职达30多年，威慑西域诸国。在他任职期内，西域各族不敢轻举妄动，因此汉朝西北部边疆及西域地区得以和平安宁。为此朝廷封其为定远侯，可谓功成名就。

当班超年老力衰之后，以为自己已不能胜任此职，便上表辞职。皇帝念其劳苦功高，便批准了他的请求，让任尚接替他的职务。

为了办理交接手续，任尚拜访了班超，问他："我要上任去了，请您教我一些统治西域的方法。"

班超打量一下任尚，答道："看你的样子就是个急性子人，做事可能一板一眼，所以我有几句话奉劝你：当水太清时，大鱼就没有地方躲藏，谅它们也不敢住下来，同样为政之道也不能太严厉，太挑剔，否则也不容易成功。对西域各国未开化民族，不能太认真，做事要有弹性。大事化小，繁事化简才是。"

任尚听了，大不以为然。虽口头上表示赞成，内心却不服。

"我本以为班超是个伟大人物，肯定有许多高招教我，却只说了些无关痛痒、无足轻重的话，真令我失望。"

任尚果然把班超的教诲当作了耳旁风。他到达西域后，严刑峻法，一意孤行。结果没过多久，西域人便起兵闹事，该地就此失去了和平，又陷于激烈的刀兵状态。

出现这样的结果，任尚想必是非常后悔的。但是，已酿成大乱，后悔已无济于事了。

任尚的本意，是要治理好西域，但他笔管条直的高压政策，是不切合当时西域实际的。做事太过于严厉苛责，最容易横生事端。把握大局，容忍小小的差池,是化繁为简的弹性手腕。

在我们的人际交往中,巧妙地装糊涂更是一种聪明,显示出智慧,不但给各种烦杂的事情涂上润滑油,使得其顺利运转,还能使我们在生活中充满笑声,显得轻松愉快;相反,老实认真只会导致我们木呆刻板,甚至使事情陷入僵局。

戈尔巴乔夫就任苏联总书记时才 54 岁,这是很罕见的特例,因为当时的领导人是由平均年龄 70 岁的老人所担任。全世界的人都很关注他的施政态度,想看看这个年轻的国家领导人,会把苏联带往什么方向。

在戈尔巴乔夫召开的记者招待会中,来自各国的记者纷纷举手抢着发问。

一位美国记者问他:"戈尔巴乔夫先生,我们都知道你是有激进思想的领导人。可是,当你要决定内阁名单时,是不是会先和上头的重量级人物商量?"

戈尔巴乔夫一听,故意板起脸来回答:"喂!请你注意,在这种场合,请不要提起我的内人。"

大家一听哄堂大笑。接着,不等美国记者再发言,戈尔巴乔夫就马上指着另一名记者说:"好,下一个。"避开了尖锐的问题。

由此可见,"聪明而愚,其大智也"。培根曾经说过:"炫耀于外表的才干徒然令人赞美,而深藏不露的才干则能带来幸运,这需要一种难以言传的自制和自信。"因为人们大多喜欢表现和卖弄自己的才干,而不愿露些"傻气",若没有一定的自制、自信,是很难做到大智若愚的。

"大智若愚",不是故意装疯卖傻,不是故意装腔作势,也不故作浅显,故弄玄虚,而是待人处世的一种方式,一种态度,即心平气和,遇乱不惧,受宠不惊,受辱不躁,含而不露,隐而不显,自自然然,平平淡淡,从从容容,看透而不说透,知根而不露底,凡事心里都一清二楚,而表面却若无其事,因为从不曾剑拔弩张,所以人们也就很难找到他的破绽。

◎ "认真"过分了毫无意义

有人总想与他人较劲,这不是一种很好的做人品质,当然也不是很好的做事方法。善于处世者时刻以减少辩解为良策,去应对冲突,因为太过"认真",反而是前进的障碍。

生活中,我们常碰到一些爱讲死理的人,即使是一些鸡毛蒜皮的小事,他们往往非要争出个子丑寅卯来不可。却不知当他们沉醉在一种良好的感觉里时,旁边正有人在嘲笑他气量太狭隘,难当大事。

孔子带众弟子东游,走得困乏了,肚子又饿,终于到了一个酒家门口,于是孔子吩咐一弟子前去向老板要点吃的,这个弟子很听话,二话不说,径直走到酒家跟老板说:"我是孔子的学生,我们和老师走累了,恳请您给点吃的吧。"老板回答:"既然你是孔子的弟子,我不妨考你一考,我写一个字,如果你认识的话,随便吃。"于是写了个"真"字,孔子的弟子想都没想就说:"这个字太简单了,'真'字谁不认识啊,这是个'真'字。"不料老板听后大笑道:"连这个字都不认识还冒充孔子的学生。"于是便吩咐伙计将这个"冒牌货"赶出酒家。

孔子看到弟子两手空空垂头丧气地回来,问后得知原委,于是亲自上前,对老板说:"我是孔子,走累了,想要点吃的。"老板也想考考他,于是又写了个"真"字,孔子看了看,说这个字念"直八",老板大笑道:"果然是孔子,你们随便吃吧!"

弟子纳闷极了,问孔子:"这明明是'真'嘛,为什么念'直八'呢?"孔子说:"这是个认不得'真'的时代,你非要认'真',

岂能不碰壁？处世之道，你还得好好体味呀！"

这虽是个杜撰的故事，但也说明了一个道理，那就是做人不能太较真。

做人固然不能玩世不恭，游戏人生，但也不能太较真，认死理。太较真了，就会对什么都看不惯，连一个朋友都容不下，把自己同社会隔绝开。生活中，那些活得潇洒自在的人，都是遇事不钻牛角尖，该糊涂时不较真的人。

把事情弄得太明白就容易伤感情，何不妨让它稀里糊涂地过去，这样你好他好我也好。

有一天晚上，戴尔·卡耐基参加一次为推崇他而举行的宴会。宴席中，坐在戴尔·卡耐基右边的一位先生讲了一段幽默，并引出了一句话，意思是谋事在人，成事在天。

他说那句话出自《圣经》。他错了，戴尔·卡耐基知道而且很肯定地知道出处，一点疑问也没有。为了表现出优越感，戴尔·卡耐基很讨嫌地纠正他。他立刻反唇相讥："什么？出自莎士比亚？不可能，绝对不可能！那句话出自《圣经》。"他自信确实如此！

戴尔·卡耐基的老朋友弗兰克·格蒙在卡耐基左首，他研究莎士比亚的著作已有多年，于是，戴尔·卡耐基和那位先生都同意向他请教。格蒙听了，在桌下踢了戴尔·卡耐基一下，然后说："戴尔，这位先生没说错，《圣经》里有这句话。"

那晚在回家的路上，戴尔·卡耐基对格蒙说："弗兰克，你明明知道那句话出自莎士比亚。"

"是的，当然，"他回答，"《哈姆雷特》第五幕第二场。可是亲爱的戴尔，我们是宴会上的客人，为什么要证明他错了？那样会使他喜欢你吗？为什么不给他留点面子？他并没问你的意见啊！他不需要你的意见，为什么要跟他抬杠？应该永远避免跟人家正面冲突。"

有时候，一件事情本身的是是非非其实并不重要，重要的是我们所要达到的目的。比如顾客和售货员为谁应负责任争得脸红脖子粗，走了冤枉路的乘客和司机为谁没说清楚而大动干戈，最后，事情越闹越大，该退的货没退成，该节约的时间没节约，双方还都憋了一肚子的气。何苦呢？有人说，我就要争这个理儿。是的，争下一个"理"，的确有一种胜利的感觉。但你想没想到过争这个理儿的代价呢？

反而是不争辩，放弃无谓的辩解，有时却能带给你意想不到的结果。下面是美国职员克多尔讲的关于自己的一个很好的例子：

> "您好！"我对老总说，"昨天我交给您的文件签了吗？"老总转动眼睛想了想，然后翻箱倒柜地在办公室里折腾了一番，最后他耸了耸肩，摊开两手无奈地说："对不起，我从未见过你的文件。"如果是刚从学校毕业的我，我会义正词严地说："我看着您的秘书将文件摆在桌子上，您可能将它卷进废纸篓了！"可我现在才不会这样说呢。既然老总能睁眼说瞎话，我又何必与他计较呢？我要的是他的签字。于是我平静地说："那好吧，我回去找找那份文件。"于是，我下楼回到自己办公室，把电脑中的文件重新调出再次打印，当我再把文件放到老总面前时，他连看都没看就签了字，其实他比我还清楚文件原稿的去向。
>
> 是的，这就是我在与上司发生冲突时的解决方式。我不赞成在冲突发生以后一走了之，因为在新环境里还会出现老问题，到那时你又怎样呢？我也不赞成为了争口气大闹一场，因为吵闹不能解决问题，反倒有可能断送了职位，还是实际些吧！说到实际，谁是谁非也并不重要，可能即便我对了而上司错了，我也会开动脑筋为上司寻找一个台阶下，无论如何，合作的前提是解决冲突！

主动言和，你可以当作是好汉不吃眼前亏，但它还包括更深的层面：主动言和，是运用智慧寻找冲突的最佳解决方案，使问题最终得以处理。在处理冲突的问题上应该冷静，绝不能像个孩子一样在冲突中放任自我,要运用自己的智慧和团队精神,与上司及同事尽量合作,让他们发现你其实是个理想的合作伙伴,这样做的同时也就给自己创造了一个良好的工作空间。

会做事的人都明白"放弃也是一种成功"的道理。有些事情,假如你非要辩解清楚,不仅达不到目的,反而会让自己陷入烦难的境地。

要真正做到不较真、能容人,也不是简单的事,需要有良好的修养,有善解人意的思维方法,从对方的角度出发,设身处地地考虑和处理问题,多一些体谅和理解,就会多一些宽容,多一些和谐,多一些友谊。

做事讲策略：
直来直去行不通，兜个圈子能成功

在中国的智识阶层里，历来有"方为体，圆为用"之说，可见手段也是可以明着讲的，只要大的操守不出问题即可。

控制与反控制是矛与盾的关系，它们可以互相攻防，互有胜机。做事讲策略的最高境界是以柔克刚，当摇旗呐喊的攻势收不到良好的效果的时候，迂回包抄，说不定反而会开创出一派大好局面。

◎ 给问题找个挡箭牌

有一篇小说，说的是一位副军长的儿子参军下连队后，受到人们的广泛关注。有人问副军长如何才能消除这种影响，他自嘲说："再来一位副司令的儿子。"

一些新鲜的突发事件，往往会吸引大家极大的注意力，给当事人以难堪与尴尬，这是人性的小小的弱点。但因为事不关己，要转移大家的注意力还是可以行得通的。比如，有的明星们在与签约公司闹纠纷的时候，马上又冒出一个婚恋情变来，于是观众们便舍弃了官司秘闻，转而去评论他们与新恋人是否登对。

障人眼目，避重就轻，是我们从众目睽睽之中脱身的小法门。

唐朝时，对官员的选任有很严格的程序，就是科举得中，还要经过吏部考选。李林甫钻营当上了吏部侍郎，掌握选考官吏的大权。不久，就干出了巴结权贵、捞取政治资本的事来，表面装得正直不阿，暗地里却大行其奸。

吏部每年考选官吏，放榜公布。一次，在放榜前，玄宗的弟弟宁王，暗地里给李林甫一个10人的名单，要他以优等列榜首放官。在选官中走后门，当时也是严禁的。

李林甫看到勾结宁王的机会来了，他接过名单，心里高兴，脸上装作为难的样子，说："王爷一定知道这事不好办，何况一下子开出10个人来！"不等宁王有什么表示，李马上又说："王爷把这件事交给我，说明王爷信任我，抬举我。王爷是皇家，为皇家办事，还能怕担责任？"这一番话，当然让宁王高兴，在他那尊贵的脸上，对李林甫显出抚慰的神色。李林甫又从这种神色中盘算出另一个主意。

"王爷，就这样吧！为了维护朝廷的法纪，也压压别人借机行私，请您允许我从这10人中任挑出一人，当众驳回，留到下次列为榜首，举荐个好任所。"李林甫把内心的奸诈全隐藏起来，表现出的是一副忠诚、恭顺、干练的模样。宁王心里自然高兴了，真把李林甫看成是又忠心，又能干的人，便大加赞赏。

出榜那天，李林甫当众说："某人托宁王说情，这是败坏朝廷选官，不能容忍！此人不能选。"话一落音，人人吐舌，相互传告说："李吏部连宁王情面都敢驳回，真是正直清明。"更有人说："他这官当得真硬，一定深受皇上宠信，不然，怎能有这胆子？"这事传到玄宗耳中，龙颜大悦，心里说："朝中有这样的大臣，一定要重用。"

李林甫徇情枉法，却让朝野上下误以为忠，用的就是"一俊遮百丑"的愚弄人的手法。这种方法是利用了人们的思维盲区，即如果十个人都全部选中的话，人们不免要怀疑："真的是那样吗？"但你首先捅出了一个问题，人们便把注意力都集中到这一个问题上，从而放走了其余九个有大问题的人。

其实这偷梁换柱的戏法，还可以换一种方式来变变。

　　大明才子唐伯虎进京会试，他是大有文名的人，当朝权贵也都肯屈尊结交，以与唐伯虎相识为荣。有个程詹事，借工作之便私卖考题，恐遭人议论，想找一位有真才实学者为榜首，使众人无话可说。程詹事结识唐伯虎后很高兴，私下里许他这一科名列榜首。唐伯虎一向坦率，酒后便向人夸口说："今年我定做会元了。"众人早已听说程詹事有私弊的现象，又一向嫉妒唐伯虎之才，就哄传主司不公。负责监察的言官们听到此事后上奏朝廷，圣旨下令不许程詹事阅卷，将其与唐伯虎一起革去功名，下了大狱。

看来，挡箭牌这条妙计也不是随随便便就能用的，像唐伯虎那样口无遮拦的风流浪子，就不是此道中人。若换一个城府深的人来做此事，就是在老婆孩子面前也是一点口风不露的，即便事成之后，也必定要说自己是靠真才实学才混到这份儿上的，继续享受他们被人崇拜的目光。

出了乱子怎么办？想严严实实地捂起来是不可能的，此时最好的脱身之计是向魔术师学习，也就是说，用一些小花样吸引大家的目光，然后幕后的把戏就随便自己如何玩了。

◎ 自己的底子如何，不要亮给别人知道

如果你仔细观察就会发现，一些大人物做事几乎都有一个共同的特点，那就是善于制造神秘感，使自己的心机不被窥破，保持一种神秘莫测的状态。让人产生"雾里看花，水中望月"的朦胧感，不让人轻易看透自己，这样人们就会对他充满期待。

　　30 岁以前，我们大都还处于行进和选择的过程中时，可以掌控的外

部资源并不多,那么,我们更需要的是内心的力量:当人们摸不清你的心思,掌握不了你的动向时,你对事情就有了更多的控制权。

1968 年,美国总统大选期间,基辛格给尼克松的竞选团队打了一个电话,明确表示他可以向尼克松阵营提供宝贵的内部情报,尼克松团队高兴地采纳了他的提议。在这次竞争中洛克菲勒也是竞选人之一,但是他失败了,而基辛格一直以来都是洛克菲勒的盟友。

与此同时,基辛格也向民主党的提名人韩福瑞表示了他的这种意愿,韩福瑞要求他提供尼克松那边的内部消息,基辛格就把尼克松的一切全盘托出了。

其实基辛格真正想要的就是内阁总理的位子,而尼克松和韩福瑞都答应给他这个位子,不管谁赢了大选,他都将从中获利。

最后,胜利者是尼克松,基辛格顺利地当上了内阁总理,但他仍然小心翼翼地与尼克松保持一定的距离。当福特上台时,原来与尼克松非常亲密的人都被迫下台了,而基辛格又成了福特的官员。因为与尼克松保持了适当的距离,他很幸运没有下台,继续在动荡的年代里叱咤风云。

人们往往尊重那些保留自己独立立场的人,因为这种人让别人无法掌握。这种名声会随着权力的增加而得到提升,只要有一个人想要拉拢你,紧接着你就会得到更多人的器重和关注。所以,不要屈从于权力,权力只是一种手段,而不是最终的目标。

站在竞争势力的中间,审时度势,就更容易赢得权力并加强自身的影响力。关注你的人越多,你的价值提升得就越快,影响力也就越大。放在桌子上的筹码增加了,想要的东西就越容易得到。

实施这套策略,必须保持内心的自由,把周围的人和事都视为自己攀登顶峰的台阶,而不是为别人摇旗呐喊。

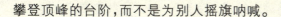

1558 年,英国女王伊丽莎白一世登基,很多人都想为她找个丈夫。许多年轻又有身份的伯爵都展开竞逐,期冀得到女王的青睐。她不阻止,也不拒绝,她十分平静,每个前来求婚的人似乎都能从她的眼神中看到她喜欢自己,但是谁也把握不准她到底喜欢哪一个。

伊丽莎白不发表意见的态度,让她成为一颗遥远的星星,成了所有人崇拜的对象,成了人们心中女神的化身。她每天都生活在他人的赞美之词下,人们称她为"世界女王"、"贞洁处女",甚至认为她能够决定天上星星的运行轨道。有一些胆大妄为之徒想尽办法来诱惑她,但是,他们不会从她身上得到任何好处,她一直提着他们的兴趣,让他们围绕在她的周围听她调遣。

西班牙的领地法兰德斯和荷兰低地的叛乱是伊丽莎白时代最重大的外交议题。是否继续与西班牙保持联盟的关系,是否选择法国成为其在欧洲大陆的主要盟友,一直困扰着英国的外交家与政治家。后来,英国决定与法国结盟。法国国王的兄弟——安茹和阿连肯公爵,被社会舆论认为其中之一会娶伊丽莎白。伊丽莎白让他们每个人都抱着殷切的希望,但是并没有任何实质上的举动。

在以后的几年中,安茹公爵在公开场合亲吻伊丽莎白,甚至称呼她的昵称,但是,伊丽莎白一直在这两兄弟之间周旋。又过了几年,英法两国签订了和平条约。这个时候,伊丽莎白很礼貌地甩掉了他们两个。

伊丽莎白一直保持独身,她在位期间,英国从来没有发生过战争,社会经济和文化艺术都得到了很大的发展。

身为英国统治者,伊丽莎白用自己的方法将避免婚姻和避免战争合而为一,她依靠不确定的婚姻寻求结盟。投身于一方,必然会损害另一方。她必须让每个人都对她抱有希望,才能在你来我往的竞争中取得胜利。

伊丽莎白很好地掌握了进退规则,她不但控制了权力,而且控制了身边的每一个男人。所有的成功均来自于她保持独立的立场。在权力的竞争游戏中,她成了所有人崇拜的偶像。

人往高处走,人类固有的虚荣心使得人们普遍具有爱慕高不可攀的人或物,以及追逐从众的心理。"物以稀为贵"的观念更容易让人们相互争抢,于是越是好的越多人抢,越多人抢就越是好的,这种不成逻辑的逻辑左右了大多数人的行为。即使在平凡的生活中,这一条原则依然适用,比如,你闯进当地一家报馆总编办公室里,对总编说:"总编,我有一条头条新闻,保证让你的报纸明天大放异彩。"总编也许会半信半疑地问一声:"你跟别人讨论过了吗?"你回答:"是的,我去过几家报馆,但他们都对这个不感兴趣……"我想,这位主编多半也不会对你的头条新闻感兴趣了。但是,倘若你在回答主编的话时这样说:"是的,我跟别的几家报馆主编都讨论过了,他们都挺有兴趣,想听听我做进一步介绍,但问题是……"这时主编的反应绝不会像刚才那么傲慢了,他也许会"腾"地站起来,抓住你的手让你讲个清楚。

◎ 不动声色地把人拉到你这一边

人在社会上行走,却不懂得如何与他人打交道的策略会很吃亏。要做一个处世高手,一个受人欢迎的人,就应当运用"笼络人心"的手腕,"见什么人说什么话,到什么山唱什么歌",让陌生人成为朋友,朋友变成可以相互支持和扶助的"死党"。

在什么场合说什么话,是人们在长期交际实践中总结出来的经验。

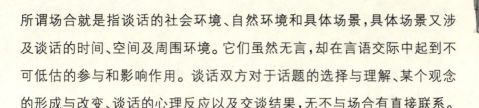

所谓场合就是指谈话的社会环境、自然环境和具体场景，具体场景又涉及谈话的时间、空间及周围环境。它们虽然无言，却在言语交际中起到不可低估的参与和影响作用。谈话双方对于话题的选择与理解、某个观念的形成与改变、谈话的心理反应以及交谈结果，无不与场合有直接联系。

理解对方并同时让对方理解你的能力，是学会处世的一个很重要的能力，许多人就是由于欠缺这种能力，所以困难重重，事事不顺。而有些人天生就会做人，每个与之交往的人都如沐春风，把他当成能给自己带来快乐的、最好的朋友。这样的人一生的路应该会非常好走，如果有特殊才华会成就一番事业，即使没能成就事业，在平凡的生活中也会过得很好。

虽说秦岚凭借琼瑶剧已经颇有名气，但当时导演陆川邀请她参演《南京！南京》时，让她和范伟扮演战争中的小人物唐氏夫妻，她扮演的"唐太太"只有三句台词、五场戏。秦岚认真研读剧本，又进一步研究那段历史，心中萌生了一个想法：越是在宏大的战争背景下，小人物的设置越应该精彩。而且她知道陆导是一个非常注重小人物、也擅长运用小人物讲述大道理的人。

秦岚大胆地把自己的建议，通过电子邮件和陆川沟通，征得了陆川的同意，就这样，秦岚增加了一些戏份，有了更多的发挥空间。

秦岚和范伟还尝试给角色做了一些设计，比如，唐太太在打扫卫生时头戴花布帽，唐先生说话时有点大舌头，既吻合角色本身的塑造要求，又增添了许多生活情趣，演绎起来，效果非常好，完全超出导演事先的标准和要求。陆川非常认可他们的表演，不断给他们加戏。凭借出众的二次创作，拍摄结束时，秦岚的戏份已经不亚于任何主角。

可是当样片初剪完成后，秦岚兴致勃勃地观摩，不禁惊呆了。她和范伟精心演绎的唐家人戏份仅剩寥寥几场。她和范伟找到陆川。秦岚没有据理力争，而是亲切地对陆川说："导演，为了感谢您，我和范老师决定请您吃饭。"陆川欣然赴宴。

酒过三巡，范伟突然提出要回当初的拍摄素材，陆川很纳闷，秦岚半真半假地对陆川说："范老师和我准备亲自动手将唐家戏份重新剪辑成短片《唐家人在上海》，然后拿到戛纳参展。"陆川顿时明白自己是赴了"鸿门宴"，哈哈大笑。回去后，陆川召集剧组主创人员又重新看了样带，发现初剪时确实有些地方下手太狠，于是适当地增加了唐家戏份。

试想如果当初秦岚硬着找导演说理，没准导演会反感，反而坚持己见。正是秦岚运用自己良好的沟通技巧，赢得了从一个小配角到不可或缺的女主角，完成了一次完美的跃升。

其实在我们的生活中，人与人之间没有什么大不了的分歧，只要掌握好说话办事的分寸，就能有效地整合我们的人际关系资源。当人与人之间的摩擦与隔阂越少，诚意与认同越多时，你便拥有了成就一番事业的人脉基础。有时候，对方是敌是友，是扶你上马还是扯你后腿，全看我们的处世方式是否适宜。

日本学者多湖辉先生在上大学时，他的德文教师对学生相当严格。

有一天上课时，老师犯了一个方法上的错误，班上发现这一错误的只有多湖辉。多湖辉为了发泄平时的积怨，执拗地想让老师当众出丑。老师很认真地说："你说得对，能发现这么重要的错误的只有你，其他人呢？都在睡觉吗？"表扬了多湖辉一番，又接着说："这部分，任何人要特别小心。"

多湖辉本来要攻击老师，让他出丑，但被夸奖后，他心里一阵高兴，也就闭口不言了。

本来多湖辉和其他同学以为老师受学生指责会恼羞成怒，但想不到对方却用友善态度，悄悄转移了问题的重心。这种举重若轻的手法，可以在不知不觉间，把身边的人都拉在我们的同一条战线上。其实，世间种种横生的事端中，并非都有多大的仇怨，"日常生活中大部分的摩擦、冲突都起因于恼人的声音、语调以及不良的谈吐习惯。"能从这方面修炼自己，给人以空间，给人以面子，那么我们很多的对手都会变成朋友。

不让人出圈，就先划下道儿来

有些人做事，喜欢大包大揽，不管能不能成，都先拍着胸膛应承下来。这样做其实百害而无一利，到时候事情成功了，对方会意识到你只是举手之劳，对你不见得有多少感激之心；如果不小心或者能力不够做砸了，对方一则会认为你不尽心，二则又会因为希望破灭而迁怒于你。这是典型的吃力不讨好。

凡有心机者，都会在一早就设计好路线，选择好做事的方式，一切尽在掌握中。

某公司成立以来，事业可谓蒸蒸日上。但因受国际上经济危机的影响，今年的利润却大幅度滑落。

董事长知道，这不能怪员工，因为大家为公司卖命的情况，丝毫不比往年差，甚至可以说，由于人人意识到经济的不景气，干得比以前更卖力。

这也就愈发加重了董事长心头的负担，因为马上要过年，照往例，年终奖金最少加发三个月的工资，多的时候，甚至再加倍。

今年可惨了，算来算去，顶多只能给一个月的工资做奖金。

"这要是让多年来已被惯坏了的员工知道,心情真不知要怎样滑落!"董事长忧心地对总经理说:"许多员工都以为最少加发两个月的工资,恐怕连飞机票、新家具都订好了,只等拿奖金就出去度假或付账单呢!"

总经理也愁眉苦脸了:"好像给孩子糖吃,每次都抓一大把,现在突然改成两颗,小孩一定会吵。"

"对了!"董事长突然触动灵机,"你倒使我想起小时候到店里买糖,总喜欢找同一个店员,因为别的店员都先抓一大把,拿去过秤,再一颗一颗往回扣。那个比较可爱的店员,则每次都抓不足重量,然后一颗一颗往上加。说实在话最后拿到的糖没什么差异。但我就是喜欢后者。"

突然,董事长有了主意……

没过两天,公司突然传来小道消息——

"由于营业不佳,年底要裁员,上层正在确定具体实施方案。"

顿时人心惶惶了。每个人都在猜,会不会是自己。最基层的员工想:"一定由下面杀起。"上层的主管则想:"我的薪水最高,只怕先从我开刀!"

但是,不久之后,总经理就宣布:"公司虽然艰苦,但大家同一条船,再怎么危险,也不愿牺牲共患难的同事,只是年终奖金不能发了。"

听说不裁员,人人都放下心头上的一块大石头,那不致卷铺盖而走的窃喜,早压过了没有年终奖金的失落。

眼看新年将至,人人都做了过个穷年的打算,取消了奢华的消费和昂贵的旅游计划。

突然,董事长召集各单位主管紧急会议。

看主管们匆匆上楼,员工们面面相觑,心里都有点儿七上八下:

"难道又变了卦?"

是变了卦!

没几分钟,主管们纷纷冲进自己的部门,兴奋地高喊着:"有了!有了!还是有年终奖金,整整一个月的,马上发下来,让大家过个好年!"

整个公司大楼,爆发出一片欢呼,连坐在顶楼的董事长,都感觉到了地板的震动……

与人打交道,适时地抑制一下对方的欲望,然后再给他一个惊喜,是一个相当不错的技巧。毕竟,人要是在绝望中看到一点希望的那种心情肯定有说不出的高兴,对于枝节小事,就不会再去计较。

钱钟书的《围城》一书里,方鸿渐受三闾大学校长高松年的电报之邀,车舟劳顿地由上海赶往内地,准备就任教授之职。到了那里,情况有变,那封电报作不得数了。教授要降为副教授,看看高校长是怎么拆这烂鱼头的:他先拿方鸿渐那并不过硬的文凭攻其软肋:"可是先生自己开来的履历上并没有学位,并且不是学政治的。"然后趁方鸿渐脸红心跳的档儿,一鼓作气,把这小小的城堡攻下来:"当然,我绝不计较学位,我只讲真才实学。不过部里的规矩呆板得很,照先生的学历,只能当专任讲师,教授待遇呈报上去一定要驳下来的。我想辛楣的保荐不会错,所以破格聘先生为副教授,月薪二百十元,下学年再升。"方鸿渐走出校长室时,灵魂像给蒸气碌碡滚过,气概全无。只觉得自己是高松年大发慈悲收留的一个弃物。

善于交涉的人,是会让对方把什么话都能咽到肚里去的,即便明知哪里不对劲,也只是无法开口。

　　人们最难忍受的是希望的破灭，如果他的心灵先触到绝境的底线，那么以后的改变对他将是一点点地回升。这比如一个朋友向你借钱周转，假如你先告诉他现在你自己也是处于困难阶段，且想办法调剂一下，然后哪怕你只借给他期望数字的一半，他也会感激你够交情。但如果你一开始就大包大揽答应了，此后如数递交，他反而又不以为然了。这就是人心的奥妙。

做事讲铺垫：
生面孔处处碰壁，熟朋友处处吃香

做事是否做得成功，其中的关键因素在于人。无论多么烦乱、多么棘手的事情，只要"人"不给你作梗，"事"也就无大碍。

如果想赢得别人的心，成就自己的事业，就必须创造机会，主动和别人交往。人们总是对陌生人保持一定的警惕，若把你们之间的距离拉近些，他就不好意思直接拒你于千里之外。在良好的会谈气氛中，打消了人们固有的隔阂与顾虑，余下的事，则水到渠成。

入乡随俗，别做人群里的异己分子

处世求顺，知识面要宽，适应性要强。圣人入裸国尚坦裸，在一定程度上放弃固执，来顺应大的环境是必须的。

不同的国家有不同的风俗习惯，也就构成了各地区不同的民族文化，聪明的办事者一定要学会随风俗变化而变化，不断适应新的生活环境。

在古代，风俗是统治人民的基础，聪明的统治者总是利用风俗来收买民心。入乡随俗之法是使用反客为主的重要处世战略。关于"入境问俗"，宋代苏轼《密州谢上表》："入境问俗，又复过于所期。"《礼记·曲礼上》："入境而问禁，入国而问俗，入门而问讳。"大意是，进入另一地区，要先打听一下民俗，禁忌，以免遇到麻烦。

在现实中我们要与人交朋友，就一定要熟悉对方的一些习惯，并将其"风俗习惯"运用于社交策略上。如果，我们在与人交谈时，自己的言辞往往无法说服对方,尤其是在请求别人时,总是提不出有力的证言,这时我们不妨利用"风俗习惯"来解决。

张君是一位精明强干的年轻人,他在一个外商独资企业里做事。同办公室有位同事,年龄、学历等各种条件与张君相仿,只是这位同事在办公室里只用"约翰"这个英文称谓,张君对此不以为然。

两个条件相近的年轻人在同一处工作,自然会有竞争。时间长了,张君发现自己的能力和干劲绝对不比约翰差,可是外国老板却对约翰更赏识。常常是他们两人同在办公室办公时,老板打电话把约翰叫去商量事情。而且有一次晋升的机会,老板也给了约翰。张君感到苦恼,但又不知是什么原因。

不久张君被派去做一件有难度的工作,他充分发挥才干,事情办得利落漂亮。外国老板非常高兴,夸赞他说:"你比约翰要强。"接着又问他:"你能否起个英文名字呢?你的中文名字我叫起来实在太费力了。"至此,张君才明白,原来自己先前与约翰待遇的差别,是由名字引起的。

张君后来也起了一个顺口的英文名字。他现在想通了:人要在一定程度上放弃固执,来顺应大的环境,特别是当你向着某个既定目标努力时,如处处执拗、不窗于是为自己设置障碍,那样的话只能被环境所淘汰。

做人讲究见什么人说什么话,到什么山唱什么歌,如果一味清高,总是不肯对现实妥协,你就只能当个没人理睬的"边缘人"了。

做人不能没原则,但为人处世没有一成不变的规律,顺应环境的变化,才能因地制宜,把事情办好。

苏娟的工作单位来了一位新的主管,不知是对旧主管还存着一种怀念,还是这位新主管长得不高也不帅,苏娟对他始终没有好感。

其实对这新主管没有好感的并不只苏娟一个,也包括本部门的两位男孩子,几乎整组的同事都"不喜欢"这位新主管。

可是又不能把他赶走,自己也不可能调职……

怎么办呢?苏娟有点担心。

有一天,也就是新主管到任的第二个星期三,新主管宣布请大家吃饭,说是要"大家彼此熟悉熟悉"。

对于这种餐会是没有理由拒绝的,苏娟虽然不太乐意,还是去吃了。席间,这新主管有说有笑,大家吃得很高兴。

苏娟开始觉得,新主管也蛮可爱的嘛,其他同事也有同样的感觉……

这位新主管可以说对人性已有相当的了解,所以不费吹灰之力就解除了他的困扰。

虽然是寻常饭局,但从邀请到进行,都包含着许多值得玩味的意义:

饭桌是很好的、可以拉近彼此距离的场合。这位新主管在饭桌上放下身段,显露他的亲和力,让同仁们认识他"真实"的一面,并制造出他和同仁们在人的尊严上的"对等、平行"。这种动作一般来说,有相当良好的效果。

"吃人嘴软",越是吃得丰盛,越有这种效果!当然,并不是说请人吃饭就可以达到目的,但对于双方关系的增进,是有其人性的根据的。所以很多人都喜欢在餐桌上沟通,有的先吃后说,有的先说后吃,有的则边吃边说。所以有人说,把对方的肠胃安抚好,事情就已成功了一半!

除了吃之外,收受金钱、礼物也具有和"吃"同样的效果,"拿人手短"是也!所以公关人员对新闻记者、访客都要又请吃饭又送礼物。有没有效?当然有效!这道理和"吃"完全一样。

事实上,一顿饭、一份小礼物,价值也不可能太高,可是吃了、拿了,自己的行为、判断和坚持就会产生软化,人性就是这么奇妙。

如果在生活中你常常会因为不与人"同流合污"、不向人妥协的清高态度而误事，那么适当地放下架子，融入人群之中，你会找到更多的乐趣，看到更多成功的希望。

◎ 尽快成为对方的"自己人"

有些年轻人对那种总是把对别人的赞美之言挂在嘴上的人没有好感，认为他们只会溜须拍马，不学无术，属于社会的渣滓，这就有些偏激了，"捧人"其实是一种融洽气氛、拉近关系的好方法，用得好，常常可以成为我们成就大事的绝佳助力。

李华是一个房产部的售楼业务员。一次偶然的机会，李华结识了一位女士。李华同她就业务交谈了一次，她对李华经手出售的房子感到较满意，但问过价钱后，只留下一张名片。

看过名片，李华不由一怔，从名片中得知那位女士是家颇具知名度大公司的"副总经理"。直觉告诉李华，凭女士的经济实力完全可以购买一套房子。

第二天，李华就直接打电话过去"行销"，那位女士并没有表示愿意，只是简单地说了一句："价钱太贵了，如果能少算一点再谈。"这个"话中之话"是说：房子满意，价钱不满意。但当时的李华还不大"懂事"，只是要求去公司找那位女士面谈。

一进入女士的办公室，李华就被眼前豪华的气派惊呆了。一张大办公桌，简直和双人床一样大，左边一套精致的沙发，右边还有一张大型的会议桌，有七八位职员正在"小组讨论"，看来她正在开会。李华也没想太多，直接说出第一句话："哇！您手下有这么多人啊！""是呀！这些都是我的公司下属。"女士笑着说道。"哇！这七八个人都是主管，那下面还有更多人吧？"李华问道。李华既吃惊又羡慕地说道："哇！那您的权力一定很大吧！可以决定人员录取、人事变动及薪资调整吧？"这只是一小部分而已！"女士自豪地说道。"这还只是一小部分啊！这么多男主管还得听您这位女副总经理的，您一定很能干，做事一定很痛快、干脆，有女中丈夫的架势。"听了这番话，李华发现那位女士忽然两目变得炯炯有神，不知道她是高兴还是生气，李华赶快把话题转到房子上："这房子真的很不错，您要不要带您先生来看过后再决定？"没想到，她对李华的"建议"很不以为然似的，提高了嗓门，大声说道："不用等我先生来看了，我决定就行了。"李华觉得她好像是讲给旁边的男部属们听的，就故意说："这个价钱绝对很便宜，若您能做决定，不必问过您先生，我可以立刻帮您去找屋主谈谈价格，否则的话，等到家人看过再说好了。"李华这一说奏了效，那位女士拿出支票，当场开了70万元给当订金。这时，全办公室的男主管都静寂无声，十几双眼睛都一起盯着女士看。女士很"严肃"地对李华说："好！我买了，就这个价钱，不必再带什么'人'去看了，我们明天就签约。"

心里想做成什么事，一味盯着这件事谈效果反而不好，先取得对方的认同，然后旁敲侧击，这样离成功就不太远了。

有这样一则故事，说古时候有两个学生要出外上任做官，临行时特地去拜访他们的恩师，询问做官的诀窍。老师问："你们准备怎样做好官？"学生答："我们准备了一百顶高帽子，谁用就让谁戴一个。"老师很不高兴，把脸一沉说："为官要清正廉明，为人要忠孝仁义，你们这样怎能做好官呢？"学生急忙附和说："老师说的有理，但当今世道，像老师您这样不喜欢戴高帽子的又有几个呢？唯一人耳。"老师听了很高兴，不再说什么了。但当这两个学生出门后，其中一个便对另一个说："哎，想不到没出京城就只剩九十九顶了。"

这就说明，有些人表面上不喜欢奉承，但实际上还是喜欢的，只不过你奉承的方式或火候不对罢了。比如有些人爱马，你就应该赞美他的马，有些人爱枪，你就应该称赞他的枪，这样，不知不觉之中，他们的态度就会亲切得多。

人人都有自己的长处，即使最普通最平凡的人也绝不是"一无是处"，这关键在于你是否能够"沙里淘金"、"慧眼识珠"。有些人常常埋怨对方没有优点，不知该赞美什么，这正说明了其缺乏发掘闪光点的能力。赞美者摸清对方的兴趣、爱好、性格、职业、经历等背景状况，对症下药，抓住其最重视、最引以为自豪的东西，将其放到突出的位置加以赞美，这样才能够最大限度地满足对方的心理需要，从而达到自己的目的。

在镇压太平军的行动中，一次，曾国藩吃完晚饭后与几位幕僚闲谈，评论当今英雄。他说："彭玉麟、李鸿章都是大才，为我所不及。我可自许者，只是生平不好谀耳。"一个幕僚说："各有所长：彭公威猛，人不敢欺；李公精敏，人不能欺。"说到这里，他说不下去了。曾国藩问："你们以为我怎样？"众人皆低首沉思。忽然走出一个管抄写的后生来，插话道："曾帅仁德，人不忍欺。"众人听了齐拍手。曾国藩十分得意地说："不敢当，不敢当。"后生告退而去。曾氏问："此是何人？"幕僚告诉他："此人是扬州人，入过学（秀才），家贫，办事还谨慎。"曾国藩听完后就说："此人有大才，不可埋没。"不久，曾国藩升任两江总督，就派这位后生去扬州任盐运使。

在这个故事里，曾国藩的幕僚想赞美曾国藩，但苦于"威猛"、"精敏"之语都已让别人先说了，因而再想不出恭维他的词句。而管抄写的后生从曾国藩说过的"生平不好谀耳"中推断出曾特别看重自己"仁德"的性格特征，于是投其所好，在这一点上加以赞美，果然让曾国藩感到舒服，

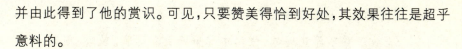
并由此得到了他的赏识。可见，只要赞美得恰到好处，其效果往往是超乎意料的。

俗话说，好马在腿，好人在嘴，恭维的话人人爱听。越是傲慢的人，其实越爱听恭维的话。有的人辞严义正，说自己不爱被人恭维，愿听批评，这是他的门面语，你如果信以为真，毫不在意地率直批评他的缺点，他心里一定老大不高兴，表面上未必有所表示，但内心却十分不安，对于你的感情，只有降低，决不会增进。善于说恭维话，是处世的本领，是发达的因素。

有人以不轻易许人为正直的表现，实则正直与否系另一问题，而眼界太高，胸襟太狭，不懂得与人为善的道理，只能使自己的路越走越窄。

◎ 人心都是肉长的，打感情牌永远没错

要拉近人与人之间的距离，使对方对你产生好感，留下不可磨灭的印象，就要了解对方最关心的问题，从他的立场出发，打好感情牌。例如，知道对方的子女今年高考落榜，因而举家不欢，你就应劝慰、开导对方，说说"榜上无名，脚下有路"的道理，举些自学成才的实例。如果对方子女决定明年再考，而你又有自学高考的经验，则可现身说法，谈谈高考复习需注意的地方，还可表示能提供一些较有价值的参考书。在这种场合，切忌大谈榜上有名的光荣。

一定要切记一切以对方为中心，采取一种能增加对方感情的谈话口气、态度和方式，那么，你们的交谈就能愉悦而顺利地继续。

"化妆品女皇"玫琳·凯年轻时就曾经遇到这样一位女孩子。

一天，她在海边看到了一位坐着的女孩子，脸上写满了忧郁与哀愁，还挂着泪痕。玫琳·凯微笑着走上前去，问她："你

好，我叫玫琳，能跟你说几句话吗？"

女孩子并不愿意理她，依然在那里感受着落寞。玫琳·凯继续温柔地说："虽然你心情非常糟糕，让你显得有些忧愁，但你依然很美。你有什么伤心痛苦的事情，可以跟我说说吗？"她想了一会儿，就跟玫琳·凯倾诉了起来。当她说得动情时，还流下了眼泪。而玫琳·凯给她的一直是真诚的眼神、用心地倾听和适当地点头。玫琳·凯听得聚精会神，让女孩子感觉到了一种关切和理解。最后，女孩子还说，她今天来海边，就是想结束自己的生命。因为她爱上的那个人，事业有成后就把她抛弃了。

玫琳·凯听了后，不但为她感到忧伤，还气愤地大骂那个男人有眼无珠。最后，她真诚地鼓励女孩道："你放心吧，天底下好男人多的是，你一定会找到一位责任心强且富有爱心的男人的。你看你长得多漂亮，连我这样的女人都喜欢，更何况是男人呢。所以，你一定要振作起来。"

最后，女孩用极其感激的语气对玫琳·凯说："从来没有人和我说过这么多话，我感觉直到今天才算是真正地发现了自我。我现在才相信，活下去会是很美好的。"

其实，每个人都可以利用这样的场合认识别人、建立友谊，只要你愿意与别人交往，善于打开别人的心扉，一定会收到意想不到的效果。

谈话的功力也是一门艺术，让人人满意并不是一件简单的事，最重要的一点，是切实了解不同阶层、不同年龄段的人的价值取向、心思喜恶，这样你就找到了感情的切入点。

如果把说话比作一篇文章，则话的内容就是这篇文章的骨架，而感情色彩即是文章的修饰部分。假如没了修饰，文章则会干巴巴而毫无情趣可言，想用它打动人更是不可能了。所谓巧言妙语就是要富于感情，如此方能打动人心。

在朱镕基视察中央电视台的前一天，中央电视台的有关领导告诉敬一丹："明天，总理来视察的时候，你要想办法得到朱总理的题词。"敬一丹听了既感到欣喜，又多少有些为难。她开始了苦苦的思考：我怎么向总理提出这个请求才好呢？第二天，朱总理在中宣部部长丁关根同志的陪同下，来到中央电视台。他走进《焦点访谈》节目组演播室，在场的所有人都起立鼓掌，气氛一下子热烈起来。朱总理跟大家相互问好之后，坐到主持人常坐的位置上，大家簇拥在他的周围，七嘴八舌，争先恐后地与他交谈。一位编导说："在有魅力的人身上，总有一个场，以前我听别人这样说过。我看您身上就有这样一个场。"朱总理不置可否地笑了。演播室里的气氛更加活跃、和谐。

敬一丹感觉这是一个好时机，一个很短暂的、稍纵即逝的时机。于是走到朱总理面前说："总理，今天演播室里聚集在您身边的这二十几个人只是《焦点访谈》节目组的十分之一。"总理听了这话，说："你们这么多人啊！"敬一丹接着说："是的，他们大多数都在外地为采访而奔波，非常辛苦，也非常想到这里来跟您有一个直接的交流，但他们以工作为重，今天没能到这里来。您能不能给他们留句话？"敬一丹说得非常诚恳，而且非常婉转，然后把纸和笔恭恭敬敬地递到朱总理面前。总理看一下敬一丹，笑了，接过纸和笔，欣然命笔，写了"舆论监督，群众喉舌，政府镜鉴，改革尖兵"十六个字。总理写完，全场响起一片掌声，热烈的气氛进入了高潮。

得到总理的题词，大家都觉得特别高兴和欣慰，因为这首先说明总理对中央电视台《焦点访谈》节目的重视和肯定。

敬一丹知道朱总理非常喜欢《焦点访谈》这些年轻记者们，于是她就为总理描绘出这样一种情景：记者们四处奔波，长途跋涉，冒着危险采访。他们心中还有一个愿望，那就是特别想与总理交谈，非常想来，但为了《焦点访谈》这一事业，他们没有来。这一番富于感情色彩的话很能打动人，让总理不忍拒绝。敬一丹的请求是曲折委婉地提出来的，表述得又十分诚恳贴切，因而最终如愿以偿。

做事讲原则：
是自己的当仁不让，不是自己的分毫不取

一个人的成功，依靠的是个人的胆识、能力和智慧，依靠自己勤勉而诚实地劳动去"争取"，而不是靠歪门邪道、坑蒙拐骗去"诈取"。真正做出大成就的成功者都明白这样的道理："君子爱财，取之有道。"

当你出卖原则去为自己换取机会时，你踏入的可能正是一个陷阱。

按规矩办事，才经得起风雨考验

做人最需要讲信义、信誉和信用，最应该讲诚实、敬业和勤勉。也就是说要在正途上"勤勤恳恳去努力"，事业才会长久。

有这样一个故事：

> 一个外国人到海外旅行，回来时将一颗宝石藏在鞋里企图不通过纳税入境，结果被当地海关查出扣留。与外国人同行的犹太人看到这种情况时，奇怪地问道："为何不依法纳税，堂堂正正地入境？"按照国际惯例，像宝石之类装饰品的输出费，一般最多不超过8%。如果照纳输出费，堂堂正正地进入国境，若想在国内再把宝石卖出时，只要设法提价8%就行了。因此说，依法纳税、按规矩做人实在是一个明智之举。

每一件事的运作都有自己的规则，办事人员也必须遵守规则。比如必要的手续，无论繁简，该办就必须去办；比如签订的合同，无论难易，当履行的一定要履行；比如商人做生意时，政府的法令法规无论如何都要遵守。照规矩来，是使事情正常进行下去的必要保证。没有规矩，无论办什么

事都会乱套。

做人要中规中矩,照规矩办事,至少有以下两个方面的意义:

第一,能建立信誉。良好信誉的建立,与办事者能够坚持规矩办事有着极为密切的关系。只有规规矩矩地按照大家都知道的,也是大家都应遵守的规矩办事,才能使人信服,也才能建立起信誉。不顾章法,不按规矩办事的人,是没有人会相信他的。

第二,能保障安全。这个安全,主要是指利益上有所保障。比如犯法的事不做,做了就是没按规矩来,这样说不定会给自己带来祸害;又比如再要好的朋友,在生意上有合同该签该订的一定要签要订,该怎样签怎样订,就要照规矩去办。因为只有按规矩签订的具有法律效用的合同,才能对合作双方产生约束力,才能有效地保护双方的利益。

规矩渗透了我们社会生活的各个方面,如果你以为这些条文契约限制了我们的发展空间,那是还没有深刻理解规矩的意义。一个守规矩的人,是一个值得信赖的人,这种无形的资本将成为你成功的基石。

在世界女性富豪榜上的大多数人,都是以继承遗产或者是夫妻共同创业和拥有财富的方式来出现在榜单上的,而张茵则不同,她是全世界最富有的白手起家独立创业的女性。

张茵20世纪50年代出生在一个军人家庭,在八个兄弟姐妹中排行老大,她不仅要帮助母亲操持家务,还要照顾弟弟妹妹,从而养成了坚毅、要强、大度的个性。

1982年,父亲平反,张茵终于有机会攻读她喜爱的财会专业,为她日后的成功奠定了良好的基础。随后,她先后担任深圳信托下属的一个合资企业的财务部部长、贸易部部长,她真诚直率,与香港金融界建立了良好的关系。随后又在一家贸易公司做包装纸业务。

1985年,张茵来到香港,在一家中外合资贸易公司担任会

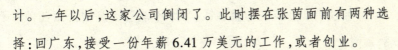

计。一年以后，这家公司倒闭了。此时摆在张茵面前有两种选择：回广东，接受一份年薪 6.41 万美元的工作，或者创业。

最后，张茵选择了创业——怀揣着 3 万元，她做起了废纸回收的生意。创业之初张茵只能从低端做起，慢慢建立废纸回收网络，在资金方面，她通过香港银行贷款，一步一步地发展自己的事业。当时，废纸回收贸易已经在香港火爆起来，但该行业中的很多企业大多是通过往纸浆里掺水以获取更高利润。弱女子张茵从一开始就带头抵制这种做法。对道义的坚守，总要付出代价。张茵触犯了同行的利益，为此曾接到黑社会的恐吓电话，就连合伙人也欺骗她，偷偷往纸浆里注水，但她没有退缩，也没有害怕。最终，一个女子的正义坚持感动了众多收废纸的商贩，大家都主动跟她做生意。

张茵在香港做生意的 6 年，正赶上香港的经济繁荣时期，她个人也完成了原始积累。

君子之道，就是不违背良心，不破坏规则的正道。在一定程度上我们可以这样认为，商道实际上也就是人道。一个跟头跌进钱眼里，心中只有钱而没有做人的基本原则，为了钱不惜坑蒙拐骗，伤天害理，便是奸商，奸商与奸诈无耻等值。即使他们可以获得一时之利，也像一座不按图纸搭建的大厦，经不起风雨的考验。

飞来的横财不是财，带来的横祸恰是祸，许多在商场、官场摸爬打滚过来的人，对按规矩做人的经验都是大有心得的。以下的原则，我们必须要严守：

第一，可以为了钱"去刀头上舔血"，但决不违背政府的律令和明文规定去赚黑钱；

第二，可以捡便宜赚钱，但绝不贪图于会损害别人利益的便宜，绝不为了自己发展而去敲碎别人的饭碗；

第三，可以借助朋友的力量赚钱，但绝不能够因赚钱去做任何对不起朋友的事情；

第四，可以投机取巧，但绝不背信弃义，靠坑蒙拐骗等一些旁门左道获得好处。

走远路，不能为小诱惑失足

人人都在以不同的方式追求成功。但绝不能靠投机取巧求名利，不能靠掺杂使假骗钱财，不能靠连跑带送谋官位，而必须靠高尚的品行立身做人。马登在《伟大的励志书》中写："每个人的一生，都应该有一些比他的成就更伟大，比他的财富更耀眼，比他的才华更高贵，比他的名声更持久的东西。"这个东西就是高尚的品格，达到此境界便是做人的成功，而且是人生真正的最大的成功。

"在真相肯定无人知晓的情况下，一个人的所作所为，能显示他的品格。"你必须懂得：不要随意放纵自己，不要轻易向各种诱惑低头，坚持自己的方向与计划，管理好自己的人生。否则，你很可能因为贪图眼前的"一点点安逸享受"而损失掉生命中真正的财富。

某大公司准备以高薪雇用一名小车司机，经过层层筛选和考试之后，只剩下三名技术最优秀的竞争者。主考者问他们："悬崖边有块金子，你们开着车去拿，觉得能距离悬崖多近而又不至于掉落呢？""二公尺。"第一位说。"半公尺。"第二位很有把握地说。"我会尽量远离悬崖，愈远愈好。"第三位说。结果这家公司录取了第三位。这就说明我们不要向诱惑低头，而应离得越远越好。

人生在世，总有许许多多的外在力量在诱惑着你，强迫你，扭曲你去

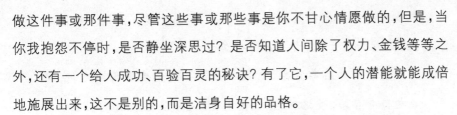

做这件事或那件事，尽管这些事或那些事是你不甘心情愿做的，但是，当你我抱怨不停时，是否静坐深思过？是否知道人间除了权力、金钱等等之外，还有一个给人成功、百验百灵的秘诀？有了它，一个人的潜能就能成倍地施展出来，这不是别的，而是洁身自好的品格。

有品格的人生，是高贵向上的；丢弃了品格的人生，是卑微低下的。只有勇于坚持自己原则的、有品格的人才不会在迷茫或是困境中迷失自己的方向。而一旦丢弃了品格，那就等于丢弃了一切，即使这个人有着万贯家产，也将得不到他人的认同与尊重，更不可能实现自己对幸福和成功的愿望。

成龙出生在香港一个贫困家庭，很小就被家人送到戏班。按照旧时梨园行的规矩，父亲同戏班签了生死状，在约定期限内，他的生杀大权都在师傅手中。戏班里的管教异常严厉，他在师傅的鞭子与责骂下练功，吃尽苦头。时间不长，他就偷偷跑回了家，父亲勃然大怒，坚决叫他回去："做人应当信守承诺，已经签了合同，绝不能半途而废。咱人虽穷，志不能短！"他只好重新回到戏班，刻苦练功，这一练就是十几年。

22岁他终于学有所成。由于练就一身好功夫，为人厚道，几年下来，他逐渐担当了主角，还小有名气。有一天，行业内的何先生约他出去，请他出演一个新剧本的男主角。"除了应得的报酬，由此产生的10万元违约金，我们也替你支付。"何先生说完强行塞给他一张支票，匆匆离去。

成龙仔细一看，支票上竟然签着100万，好大一笔巨款！他从小受尽苦难，尝遍艰辛，不就是盼望能有今天吗？可转念一想，如果自己毁约，手头正拍到一半的电影就要流产，公司必将遭受重大损失。于情于理，他都不忍弃之而去。

一宿难眠，次日清晨，他找到何先生，送还了支票。何先生很是意外，成龙则淡淡地说："我也非常爱钱，但是不能因为100万就失信于人，大丈夫当一诺千金。"

公司得知后非常感动，主动买下了何先生的新剧本，交给成龙自导自演。就这样，他凭借电影《笑拳怪招》，创造了当年票房纪录，大获成功。

在一次电视访谈中，成龙回忆起这些往事，感慨万千，深情地说道："如果当初我背信弃义，从戏班逃走，没有这身过硬的武功，或者为了得到那100万一走了之，我的人生肯定要改写。我只想以亲身经历告诉现在的年轻人，金钱能买到的东西总有不值钱的时候，做人就应当诚实守信，一诺千金。"

任何人都应该懂得：品格是一生中最重要的资本。无论你出身高贵或者低贱，都无关宏旨。但你必须有做人之道。每个年轻人都希望获得事业上的成功。总结许多杰出人士走过的道路，你会看到，他们遭受失败的原因可能千差万别，成功的经历却大多一致：那就是他们在年少时便养成了达到巨大成功的美德，为日后的纵横四海打下了坚实的基础。

大成功的确靠的是人品，连人都做不好的人，是什么事也做不成的。亚洲首富李嘉诚曾戏言自己不是"做生意的料"，因为他觉得自己不会骗人，不符合中国人无商不奸的标准，令人感叹的是偏偏是他做成了全亚洲独一无二的大生意。有做人品格，这是比金钱、权势更有价值的东西，也是一个人成功最可靠的资本。今天各行各界的显赫人士，同时也以"诚"、"信"闻名，这其中的奥妙是不言自明的。诚信让更多的人放心与你合作，也带来了更多的机会。

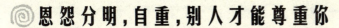

恩怨分明，自重，别人才能尊重你

中国道家传统的处世哲学贵柔，讲究"以德报怨"。不管别人怎么对我，我都以平和的心态、宽容的态度去化解。这是一种做人的大境界，对于现代人来说，却有一种摸不透、拿不准的苦恼。孔子的"以直报怨，以德报德"则更明快些，更适用于我们今天的生活。

换一个通俗的说法，"以直报怨，以德报德"就是"用公平正直来回报仇怨，用恩德来报答恩德。"这种恩怨分明的作风，一直也是受到世人尊重的。罗贯中《三国演义》第五十回说："某素知云长傲上而不忍下，欺强而不凌弱；恩怨分明，信义素著。"关羽是个有原则的人，所以虽然他有些刚愎自用的缺点，依然很受后人尊崇。

春秋战国时期，晋国有个人叫解狐，他恩怨分明，不会因私仇而误国事，也不会为大业而泯灭了人性，活得非常爽快。

解狐是晋缚公的大夫，名将解扬的儿子。晋国大夫赵简子和他十分要好。

解狐有个爱妾叫芝英，是一朵深得解狐喜爱的解语花。可是有一次有人告诉解狐说，他的家臣刑伯柳和芝英私通。解狐不信，因为刑伯柳这人很忠实，但是后来两人私会时，却被解狐撞了个正着。

审问一番后，解狐得知原来芝英爱慕刑伯柳年轻英俊，而找机会勾搭成奸。解狐怒火更大，他把两人痛打一顿，双双赶出了解府。

后来，赵简子领地的国相职位出现空缺，赵简子就让解狐帮他推荐一个精明能干，忠诚可靠的国相。他想了想，觉得只有他原来的家臣刑伯柳比较适合，于是就向赵简子推荐了他。

赵简子找到刑伯柳后，就任命他为自己的国相，刑伯柳果然把赵简子的领地治理得井井有条。赵简子十分满意，夸奖他说："你真是一个好国相，解将军没有看错人啊！"刑伯柳这才知道是解狐推荐了自己。他是自己的仇人，为何却要举荐自己呢？也许他这是表明要主动与自己和解吧？于是刑伯柳决定拜访解狐，感谢他不计前嫌，举荐了自己。

刑伯柳回到国都，去访解狐。通报上去后，解狐叫门官问他："你来，是因为公事还是因为私事？"刑伯柳向着府中解狐住的地方遥遥作揖说："我今天赴府，是专门负荆请罪来了。刑伯柳早年投靠解将军，蒙将军晨昏教诲，像再生父母一样。伯柳做了对不住将军的事情，心中本就万分惭愧，现在将军又不计前嫌，秉公举荐，更叫我感激涕零。"

门官又为刑伯柳通报上去。刑伯柳站在府门前等候，却久久不见回音。他正在疑惑难解的时候，解狐突然出现在门前台阶上，手中张弓搭箭，向他狠狠射出一箭。他还来不及躲闪，那箭已擦着他耳根，直奔他身后去了。刑伯柳一下子吓出了一身冷汗。解狐接着又一次张弓搭箭瞄准他说："我推荐你，那是为公，因为你能胜任；可你我之间却只有夺妻之恨，你还敢上我的家门来吗？再不走，射死你！"

刑伯柳这才明白解狐依然对自己恨之入骨，他慌忙远施一礼，转身逃走了。

你侵害了我，必须还我一个公道，这就是解狐的原则。如果他打开大门欢迎刑伯柳，倒显得有些虚伪做作了。从刑伯柳一方讲，解狐强硬明快的作风，在吓出了他一身冷汗之余，相信也会赢得他的尊重。如果一个人连夺妻之恨都无动于衷，那么他不是一个伪君子就是一个懦弱无用的小人。

以直报怨，同时也给以德报德留下了余地，是非恩怨，一目了然，决不平白无故地浪费感情浪费生命。以现代人的观点衡量，这就是效率。

有一些我们绞尽脑汁也难以找到答案的问题，其实前代的贤明之人，已经给了我们一个重要的启示。

战国时代，孟子名气很大，府上每日宾客盈门，其中大多是慕名而来，求学问道之人。有一天，接连来了两位神秘人物，一位是齐国的使者，一位是薛国的使者。对这种人物，孟子自然不敢怠慢，小心周到地接待他们。

齐国的使者给孟子带来赤金100两，说是齐王所赠的一点小意思。孟子见其没有下文，坚决拒绝齐王的馈赠。使者灰溜溜地走了。

隔了一会儿，薛国的使者也来求见。他给孟子带来50两金子，说是薛王的一点心意，感谢孟先生在薛国发生兵难的时候帮了大忙。孟子吩咐手下人把金子收下。左右的人都十分奇怪，不知孟子葫芦里装的是什么药。

陈臻对这件事大惑不解，他问孟先生："齐王送你那么多的金子，你不肯收；薛国才送了齐国的一半，你却接受了。如果你刚才不接受是对的话，那么现在接受就是错了，如果你刚才不接受是错的话，那么现在接受就是对了。"

孟子回答说："都对。在薛国的时候，我帮了他们的忙，为他们出谋设防，平息了一场战争，我也算个有功之人，为什么不应该受到物质奖励呢？而齐国人平白无故给我那么多金子，是有心收买我，君子是不可以用金钱收买的，我怎么能收他们的贿赂呢？"

什么时候该取，什么时候该让；什么时候该宽宏大度，什么时候该寸土必争，其实都有一种规则在里面。如果我们做不到那种大圣大贤的境界，那么，不妨做一个是非分明的人，同样也可以在这个世界上找到立足之地。

◎ 忠诚,是我们处世的底线

在现代社会林林总总的游戏规则中,愈来愈聪明的现代人,常常在不经意中忽视一条最根本的规则——忠诚原则。他们或是锱铢必较,目光短浅;或是见利忘义,因小失大;或是戴着面具,游戏人生……演出了一幕幕违背良心、令人抱憾的悲剧。

其实,忠诚在社会文化中的定义,是灵魂性的。许多外国老板在用人之道中的首选标准,便是忠诚考验。来自马来西亚的一位老板就曾不无遗憾地坦言:"在中国,有些员工似乎更乐于把企业当做是一个福利机构,或是自己另谋高就之前的跳板、垫脚石。"他们没有责任感,谈不上与企业荣辱与共,更谈不上忠诚。不管是东方还是西方,在人类的道德取向上,总还有相通之处。在西方文化中,最鄙夷说谎者。一个儿童在成长过程中,免不了说几次谎,父母就会惊恐失色,严斥有加。如果说,对一个幼稚儿童的撒谎,上帝尚会原谅的话,那么到了成年仍在撒谎,那就成了害人的人格瑕疵,周围人会弃之不齿。在东方文化中,更把忠诚誉为美德,视其为最有价值的人格标准。为人忠义至仁,成为江湖中的不变主题。

在办公室,不管"假面舞会"是否流行,做一个真正的聪明人,就应该卸下面具,亮出你的脸,让上司认识你是海水还是火焰。

忠诚常常有以下雷区,需要你小心走过。

最低级的背弃忠诚的游戏,往往从贪小开始。任何一家正规、资深的公司,再严密的制度,总会有漏洞。如果你是一个人品俱佳的人,切不可贪小越货。趁人不备时悄悄挂个私人长途,或趁上司不在意时,悄悄塞上一张因私打的票,让其签字报销;上班时,明明迟到,卡上却填上因公外出;更有甚者,当客户来访时,给你悄悄带来一份礼物,以答谢你在业务往来中曾经给过他的帮助,而这一帮助,恰恰是以牺牲本公司的利益为代价的。细雨无声,倘若让这种"酸雨"淋了你的心,你就会慢慢地被蚀化。今天的贪小就是明天的贪婪。老板绝对厌恶贪小的人。他会把它看作是品质问题，积累这种印象就会失去对你的信任。

都说商场如战场。做生意说到底是在赌博利益。忠诚原则的第二个雷区，是你的利益为谁而搏？这需要时时警惕，切不可掉以轻心，更不能见利忘义。不要忘记你的打工角色，你需要为公司争取利益，而不是你自己。只有公司"发达"了，你才会跟着"发达"，万万不可越位。有时，公司与你个人在利益上也会发生冲突，这时你千万不能把公司利益置之度外，使自己浑沌一时。

商界有过一个经典例子。

有家公司因一家对手公司业务的红火而焚心，但想不出制服对手的良策。终于，对策有了！他们想方设法寻找关系，接近对手公司的一名仓库主管，让其暗中出卖商业机密。这个主管在利益的驱使下，利令智昏，把自己公司的库存数量、货品结构、价格策略一一泄露。几经交手，商界风向大变，原先生意红火的公司，节节败退，最后元气大伤而倒闭。另一家濒临倒闭的公司，却起死回生，反败为胜。一个不忠诚的蛀虫，股掌之间就将一个公司搞垮了。而反败为胜的这家公司也再没有向这位主管伸出邀请之手。

这种隐性的不忠诚，可以说是办公室的定时炸弹。一个有职业道德的人，心里要有一条准则：可为与不可为。需要坚守的信条是：绝不选择良心的堕落。

诚信是一种最简单的处世智慧，心怀坦荡，才能使我们自重、自信，充分发挥自己的创造力。如果一旦违背了类似于以下的一些忠诚原则，很快就要吞咽自酿的苦果了：

1. 有了一句谎言之后，你需要用好几条谎言来维护它，因顾此失彼而穿帮的可能随时存在。

2. 当你做了不齿于人的事儿之后，即使不被人觉察，自己的内心也不会安定，做什么事都放不开手脚。

3. 一旦与同盟者闹翻之后，他就是握住你把柄的人，从此你就会生活在阴影之中。

4. 一次的不小心会带来终身的恶果，以后你再付出多大的努力，都难以洗刷别人眼中的这个污点。

5. 如果你在背叛中获益，同样不是好事，这会使你越陷越深，最后失去恢复正常生活的勇气。

做事讲现实：
眼睛要往远了看，动手要往细了做

对于理想和现实的关系，先贤早有训示，一方面要志存高远，"王侯将相，宁有种乎"；另一方面要踏实做人，"一屋不扫，何以扫天下"。每一个寻求发展的人，在主观认知上当然要有高度，但应随时检验自己的行动是否与现实脱节。

◎ 有理想更不能蛮干

古人高呼"王侯将相，宁有种乎？"期待颠覆旧秩序，成为新贵族；现代人高呼"天下财富，宁有主乎？"渴望能痛痛快快地拼搏一把，成为下一轮的富人。

这种思想本身并没错，没有谁天生是应该受苦的，追求财富是我们每一个人的基本权利之一。那么什么才是最为快捷有效的致富渠道呢？是普通的选择，还是自主创业，自己掌控自己的命运，成为财富的主人。

"现在当老板"的言论痛快淋漓，振臂一呼，响应者如云，哪个年轻人不希望自己的日子马上发生根本性的变化？当有人在墙壁上凿了一扇门的时候，大家都以为真正的光明就在眼前了，不管它多窄，也不惜代价地往前挤，好像过了这一关，前方就一片通途。要是事情这么简单，世间也就没那么多贫富强弱的分化了。不要以为别人在某个领域成功了，我们照方抓药，也必定会成功。这种盲目性，本身缺乏对事物的独立分析和判断，蕴藏着极大的风险。静下来想一想，即使同样的事情，不同的人去做，也会有不同的结果。每个人的素质、条件、思路、做法各不相同，怎么能保证产生同样的结果呢？

也不要因为在某个行业干过，已经熟悉了公司的运作，就以为可以另起炉灶，开创自己的事业了。当然这是一件好事，但是给人打工和自己当老板是不同的，如果你还没做好全面的准备就轻易涉足某个领域，充其量也只是个有勇无谋的愣头小子罢了。

有一位美术学院的大学生，毕业后分配到一家杂志社当美术编辑。他每日的工作不过是画画插图，搞搞版式设计而已，轻车熟路，得心应手，受到上司和同事的好评。但是干了一年，他嫌薪金少，毅然辞职，自己开了一家美工装饰部。开业才几日，就承接了一笔十多万元的装潢业务。他组织了十来个人，夜以继日地干起来了。一个月后，装潢工程干完了，他不仅分文未赚，反而蚀本两万余元！

谁都知道装潢业务利润极丰，为什么竟会蚀本呢？其实道理很简单，同样一种生意，同样的条件，懂行的做会赚钱，而外行做肯定赔钱。那位搞装潢的大学生，在画画方面他是内行，但画画与搞装潢完全是两回事。他连工程预算都没接触过，更不了解人工、原材料等方面的知识，盲目地签了合同，赔本在所难免。

一个人从零开始，或从做工、做学问到经商，是一个很大的飞跃，二者在许多方面都是截然不同的。有时候，甚至要经历相当一段时间的失败和探索，才能找到一条适合自己的道路。

梁稳根因为企业股权改革获得了 2005 年的 CCTV 经济年度人物奖。评委会的评语是：他花了十九年时间，把创业梦想耕耘成中国经济改革的试验田，2005 年，他第一家推出股权分置改革方案，他以产业报国的成功向我们印证——穷则变，变则通。

在创建三一集团之前，梁稳根在湖南洪源机械厂工作，因为国有企业的制度与自己的个性不合，他与几个志同道合者

"下海"成立了公司。

当时他们四个人中有三个人在一个地方买羊，梁稳根在家里指挥。当时也没有电子邮件和电话，所以他就打了一个电报说"羊不要毛留"。结果发电报的人很奇怪，问：羊不要毛如何留？梁稳根只好解释给他听：在那里买的几十只羊暂时不要，跟我们一起参加创业的毛先生还要在那里继续留一段时间。因为当时没有钱，所以才会如此省略。

后来他们又去卖酒，再后来感觉玻璃纤维很赚钱，又去搞玻璃纤维，但结果都以失败告终，几乎到了山穷水尽的地步。最后几个人坐到一起，反复讨论为什么会失败，觉得贩羊、做酒和玻璃纤维都不是自己的长项。要获得成功，还是要在自己熟悉的领域寻求突破，他们这才决定应该做金属材料，总算将一只快要沉在商海里的小船稳定下来。

即使是不折不扣的成功人士，在他们的创业过程中也不可避免地要经历一些"不成功阶段"。作为后来者的年轻人，在做出"自己当老板"的决定之前，更应该做好全面的心理准备。

首先你要问自己：能不能顶得住失败的风险。看清楚冒风险所要预备付出失败的代价，可以使我们的头脑更清醒，一旦真正面临危机时，不至于惊慌失措。

在职业方面，自主创业的人需要放弃稳定的收入、升迁的机会。如果创业失败，不得已而做原来的工作，他就损失年薪。若转做其他工作，多年累积的工作经验可能派不上用场。

在情绪方面，创业者需长期面对巨大的工作压力、可能失败的压力，长期在高度紧张的状态下工作。

创业的目的，总是以追求利润为原则，所以无论是保持着现实、理想，甚至梦想的态度来经营事业都未尝不可，但总不能将经营计划过于单纯化。正确的创业态度不应该避讳失败，这不是吓唬那些创业者们，而是说凡事应以知己知彼为原则，避免那种冒冒失失的蛮干。

◎ 一个台阶也不能落过

人有抱负是好事，只想一鸣惊人的想法却要不得。生活中那些自命清高，不屑从低层做起的人，永远都无法完成自己的原始积累。等到忽然有一天，他看见比自己起步晚的，比自己天资差的，都已经有了可观的收获时，他才惊觉到在自己这片园地上还是一无所有。这时他才明白，不是上天没有给他理想或志愿，而是他一心只等待丰收，可是忘了播种。

你刚刚二十出头，还是默默无闻不被人重视的时候，不妨试着暂时降低一下自己的物质目标、经济利益或事业野心，脚踏实地，做好一个普通人的普通事，这样你的视野将更广阔，或许会发现许多意想不到的机会。

目标是年轻人的战略，至于如何朝着既定的方向迈进就是战术问题了，比如你的愿望是登上前面那座山，就应该考虑好什么时间要到达什么地方，一块山石，一棵大树，就是你下一站的指引。

四十多年前，有一个十多岁的穷小子，他自小生长在贫民窟里，身体非常瘦弱，却立志长大后要做美国总统。如何实现这样的抱负呢？年纪轻轻的他，经过几天几夜的思索，拟定了这样一系列的连锁计划：

做美国总统首先要做美国州长——要竞选州长必须得到雄厚的财力支持——要获得财团的支持就一定得融入财团——要融入财团就需要娶一位豪门千金——要娶一位豪门千金必须成为名人——成为名人的快速方法就是做电影明

星——做电影明星前得练好身体，练出阳刚之气。

按照这样的思路，他开始步步为营。一天，当他看到著名的体操运动主席库尔后，他相信练健美是强身健体的好办法，因而有了练健美的兴趣。他开始刻苦而持之以恒地练习健美，他渴望成为世界上最结实的男人。三年后，凭着发达的肌肉和健壮的体格，他开始成为健美先生。

在以后的几年中，他成了欧洲乃至世界健美先生。22 岁时，他进入了美国好莱坞。在好莱坞，他花了十年时间，利用自己在体育方面的成就，一心塑造坚强不屈、百折不挠的硬汉形象。终于，他在演艺界声名鹊起，当他的电影事业如日中天时，女友的家庭在他们相恋九年后，终于接纳了他。他的女友就是赫赫有名的肯尼迪总统的侄女。

婚姻生活过了十几个春秋，他与太太生育了四个孩子，建立了一个"五好"家庭。2003 年，年逾 57 岁的他，退出了影坛，转而从政，并成功地竞选成为美国加州州长。

他就是阿诺德·施瓦辛格。他的经历告诉我们，目标要远大，经营自己的过程却要稳扎稳打，在一个台阶上站好了，然后再瞄准下一步。

如果你在 30 岁以前面对外面的繁华世界立下了大志，可以先从下面一连串的逆向思维开始：要站在金字塔的顶层必须要有强有力的支持——要找到支持者先要做出成绩，打出自己的招牌——做强做大，要找到突破点就要强化自己的素质，同时有意识地扩大自己的接触层面，获得有益的资讯——强化自己应从现在开始，从各个方面完成自我积累。

心中有了这一系列规划的年轻人，表面看来和以往的他也没什么不同，但是因为眼光看得远了，再做起事来就有了责任心和主动性，会完全脱离那种得过且过的生活状态，其自身的才能也会得到最大限度地发挥。

当然，在我们前进的过程中，困难将依然存在。在开始时你会有很大的付出，你经常会失败，经常会失望，经常处于痛苦和沮丧之中。但是这却是一个自我改造的过程，在这个过程中，你的能力得到了充分的验证，你还会遇到很多新的事、新的人，让你整个人生和你所处的圈子发生变化。这是一个蜕变的过程，虽然艰辛，但是收获会使你的付出变得更有意义。从现在开始，为自己确立一个目标，然后再一小块一小块地打出你的根据地来。

◎ 空想要为实干精神让路

空想是没有多大价值的，世界上绝对没有不劳而获的事情，人们的成功无一不是按部就班、脚踏实地努力的结果。

有一个小故事，给了那些想一步登天的年轻人一种绝妙的讽刺：

一个刚刚毕业的学生去面试第一个工作，他觉得自己毕业的院校比较出名，自己也比较聪明，成绩也是名列前茅，所以当老总问他希望获得什么样的待遇时，他说："我希望能够年薪十万，然后公司可以解决我吃和住的问题，每年可以有一个公费出国的机会。"老板微笑着和他说："我给你年薪二十万，免费给你买一个别墅，然后让你每年公费出国两次，你觉得怎么样？"

男孩吃惊地说："不会吧，你不是在和我开玩笑吧？"老板哈哈一笑："是你先跟我开玩笑的！"

一步登天只是电影或电视中的情节，在生活中你要学会面对现实，一切从实际出发。

如果我们有一种放下身份、脚踏实地的实干精神，有在平凡中求伟大的品性，那么离成功也就不远了。要知道，在整个社会中，除了一些特殊的人从事特定工作之外，一般人的工作都是很平凡的。虽然是平凡的工作，但只要努力去做，和周围的人配合好，依然可以做出不平凡的成绩。

你如果想在社会上走出一条路来，那么就要放下清高，也就是：放下你的学历、放下你的家庭背景、放下你的身份，让自己回归到"普通人中"，走你认为值得走的路。

人不怕被别人看低，而怕的恰恰是人家把你看高了。看低了，你可以寻找机会全面展示自己的才华，让别人一次又一次地对你"刮目相看"；而看高了，你就很难再有周旋的余地，甚至还会让别人一次又一次地对你感到失望。

青岛啤酒集团的老总金志国的经历，可以给我们许多启示。

1975 年，金志国高中毕业后，被分配到国有青岛啤酒厂。他刚进厂的时候是洗瓶工、锅炉工，是从最底层的活开始做起的。

他有个信念，干哪一行就要在哪一行做到最好，洗瓶子就要在这一帮洗瓶工中干得最好，这样才有可能被选拔去干别的工作。烧锅炉也一样，当时他是锅炉烧得最好的，后来，厂里挑选他去搞技术。

工厂进行团委改选，组织部门让金志国去做团委书记。那时候，他只是一个工段长，这个决定对他来说，是一个非常难得的机会。一个工段长只是一个工人，而厂里的团委书记是一个中层干部，是接受还是选择放弃？出乎所有人的意料，金志国毫不犹豫地选择了放弃。

很多人非常不理解，组织部长和党委委员找他谈心，但是，他不想走政工管理的道路，而想走技术管理的路线。这是金志国人生中的一个重大选择，是对未来的职业定位。那年，他 23

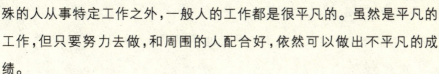

岁。

之后，金志国争取到一个上电大的机会，学习劳动人事管理专业。

1988年，金志国大学毕业以后，被调到供销处。那时候，供销处权力很大，因为啤酒是供不应求的，很多人需要靠走后门、批条子才能拿到酒。当时，每天都有人请吃请喝，但是刚干了三个月，金志国就要求转岗，别人都说他犯"傻"。

面对大伙儿的不解，金志国认为，这不是本事，吃吃喝喝的工作谁都能干。之后，他当上生产调度员。调度工作是三班倒，很枯燥，每天就是处理一些生产问题。但是，后来回想起来，正是干调度员才使他在整体上掌握了全厂的综合系统，锻炼了指挥、协调的能力，这对他又是一个飞跃。

如果你想成就一番伟业，在确立你远大的目标之后，静下心来，认认真真、脚踏实地地开始你的行程吧！在通往成功的路上，你不要梦想一步登天，如果基地不扎实，那么你的成功恰如"空中楼阁"摇摇欲坠。

任何好高骛远的人，不肯脚踏实地从小事做起，结果只能是离目标越来越远。

上帝对任何人都是公平的，当你为人生之路坎坷难行感慨时，还是仔细想一下自己有什么过失吧。

九层之台，起于垒土；不集小流，无以成江河。我们无论做什么事情，都是由点点滴滴的经验，点点滴滴的努力汇集而成。所以真正懂得成功内涵的人，都是脚踏实地的人，都不会放弃这种积累的过程。

办事讲分寸：
按规矩办事有人服，手伸太长讨人嫌

在一个团体之中，每一个人都有属于自己的位子。即便得意时也不可忘形，以免不小心把手伸到人家的地盘上。

人应该找准自己的位置，知道哪些事该做，哪些事不该做，把握好适度的原则，而不要越位。这样，才能够与别人和谐相处，并得到他人的信任和赏识，在个人事业的发展上，也会少一些不必要的阻碍。

◎ 不在其位，不谋其政

"不在其位，不谋其政"涉及到儒家所谓的"名分"问题。不在其位而谋其政，则有僭越之嫌，就被认为是"违礼"之举。现代人以为这种观念对民众的参政意识是一种限制，是消极的封建思想。但是我们今天的话题没有这么大，只来看一下在一个小单位、小团体之内，越权行事会带来怎样的后果。

常子明毕业后，应聘到一家专做汽车配件生意的公司，给张总经理当助理。转眼两年过去了，常子明的工作已游刃有余，张总一再夸他"小伙子是块材料"。一次，张总亲自到远郊的市场作调查，临走时叮嘱常子明道："我跑山区，手机可能有时候没信号，如果有什么事，你就看着办吧。"张总走后，公司照常运作，也没有什么意外情况发生。只是有一些库存的零件，因为适用的车型已快淘汰了，所以一直在积压着，这时恰好有位边远地区的客户提出全部兜底，但是价钱要求压低些。这本是求之不得的事,常子明当即答应考虑,第二天就签单子提货了。张总出差回来, 常子明向他汇报说:"那批零件本是我们的库底子,前期的利润已经够了,这次恰好盘活资金,进行下一步的行动。"张总点头,并表扬他办得痛快。半年后,公司调整,常子明因有"独当一面"的业务能力,被派到山区开发新市场去了。其实,出差期间,张总的手机一直通着,老婆和情人的电话几乎一天一个,就是没听到过常子明有什么做不了主的事要请示。

要是你什么事都能拿出自己的主张来,把上司置于何地呢? 手伸得过长了,难免人人侧目。而遇事多请示,一则是正常的工作程序,人道没有规矩,不成方圆,大家都各行其是,还不乱了套吗? 二则在上级的批示之下行事,各兄弟部门的关系也好协调,毕竟大家都在同一机构做事,互相搭把手也是应尽的义务。但你若想闷声发大财,大伙儿也会乐得隔岸观火,看你的笑话。

知道什么事情该做,什么事情不该做,是一种智慧,更是一种气度。把握好适度的原则,不越位、不越权,这样,才能够与别人和谐相处,在个人事业的发展上也更顺利一些。

在现实中,有一些年轻人在工作上并无多余的野心,不会犯上司或同事之忌,他们的失误在于不分主次,把事情做过了头。有一则故事,把这个问题说得非常清楚。

马罗尔医生手下有两个实习医生,一男一女。二人的工作态度有天壤之别。男实习生纳特总是神采奕奕,白大褂一尘不染。女实习生埃米则总是马不停蹄地从一个病房赶到另一个病房,白大褂上经常沾着药水、小病号的果汁和菜汤。

纳特严格遵守印第安纳州医生的法定工作时间,一分钟也不肯超时。除了夜班,他不会在上午8点前出现,下午5点之后便踪影全无。埃米每天清晨就走进病房,有时按时回家,有时却一直待到深夜。

纳特总是神闲气定，平易近人，但别人觉得他对医生责任的划分过于泾渭分明了。他不止一次说："请你去找护士，这不是医生的职责。"埃米正相反，她身兼数职：为小病号量体重——护士的活儿；给小病人喂饭——护士助理的活儿；帮家长订食谱——营养师的活儿；推病人去拍 X 光片——输送助理的活儿。

医学院每年期末都要评选 5 名最佳实习医生。许多人认为埃米一定会入选，医生如果都像她那样忘我就好了！但评选结果却令大家大吃一惊，埃米落选了，纳特却出现在光荣榜上。这怎么可能呢？有人找到马罗尔医生，问他是否知道最佳实习医生评选的事。"当然知道，我是评委之一。"马罗尔医生说。

"为什么埃米没当选？她是所有实习医生中最负责的人。"那个人愤愤不平地问。马罗尔医生的回答却令他终生难忘。

埃米落选的原因是她"负责过头了"。她把为病人治病当成了自己一个人的职责，事无巨细统统包揽。但世界上没有超人，缺乏休息使她疲惫不堪，情绪波动，工作容易出错。纳特则看到了职责的界限。他知道医生的职责只是为病人治病，是救死扶伤团队中的一员。病人只有在医生、护士、营养师、药剂师等众多医务工作者的共同努力下，才能更快康复。他严格遵守游戏规则，不越雷池半步，把时间花在医生的职责界限内。因此，纳特能精力充沛，注意力高度集中，很少出错。

马罗尔医生最后说："埃米精神可嘉，但她的做法在实践上行不通。医学院教了她 4 年儿科知识，并不是让她来当护士或者营养师的。我们希望她能学会只负分内的责。"

有些人总是享受不到成功的快乐，不是因为没做，而恰恰是由于他们做得太多，以至于手忙脚乱，反而忽略了自己最紧要的本职。只为忙碌而忙碌是没有意义的，"学而不思则罔"，静下心来，想想自己的目的和责任吧！

◎ 好心也能办坏事

做好事也要有分寸。别人管不了或照顾不到的事，你不分青红皂白就插手理顺了，此举有"卖功"与"示好"之嫌，担心有人感激你的同时也有人埋怨你越位。

春秋时候的季孙氏，当了鲁国的宰相，孔子的弟子子路担任季孙氏的封地郈邑的长官。按照惯例，鲁国在5月份要征集百姓开凿长沟，进行水利建设。子路看到民工挖沟辛苦，且出门在外，吃饭不便，就拿自家的粮食熬成稀粥，摆在道边，邀请他们来吃。事情很快传到孔子耳里，孔子就派另一个弟子子贡来找子路，把稀粥都倒掉，把盛饭的器具全部砸毁，并让人转告子路："老百姓都是鲁君的百姓，你为什么要拿饭给他们吃？"

子路得到消息，勃然大怒。他直闯进孔子的书房，强压怒火，问道："请教先生，我施行仁义，难道错了吗？"不等孔子回答，子路连珠炮似的把一肚子的不满都倒了出来："我跟随先生多年，从先生这里学到的，无非'仁义'二字而已。所谓仁义，就是有了财富，和天下人共同使用；有了好处，和天下人共同分享。现在，我拿自己家里的粮食分给挖沟的民工吃，而先生却派人阻止，究竟是怎么回事？"

孔子叹了口气，说："这个道理，我本来以为你已经懂得了，可你居然还远未懂得。是不是你本来就像这样不懂礼呢？"孔子接着说，"你拿饭给民工吃，这是爱他们。按照礼的规定，天子爱普天下的人，诸侯爱本国的人，大夫爱他的职务所管辖的人，士爱他的家人。所付出的爱超出了礼所规定的范围，那就是'越礼'。现在，民工都是鲁国的百姓，而你擅自去爱他们，这就是你'越礼'了，不也太糊涂了吗？"孔子的话还没说完，季孙氏已经派使者来指责他了："我征集民工，让他们干活；先生却让弟子叫他们停止干活，拿饭给他们吃。先生难道打算争夺我的百姓吗？"孔子对子路说："你看，我说得有道理吧？"于是，他只好带着弟子们乘车离开了鲁国。

无论我们做什么事，仅仅是有"良好的初衷"是不够的，还要看看是否收到了"良好的效果"。对于普通人来说，即使你的所作所为不关国家大事，没有职业野心，依然会有冲撞了别人的时候。以人性的特点论，有两个方面我们应该警惕。

第一，先贤早有定论：人之患，在于好为人师。在这里的"好为人师"指的不是"喜欢当老师"，而是指喜欢指点、纠正别人。

有一种人，喜欢指出别人的错误，并"贡献"自己的意见，也喜欢在言语上指正别人的缺点，例如交友方式啦、衣服发型啦、个人嗜好啦……

这种人有的纯粹是一片善心，对旁人的错误无法袖手旁观；有的则是自以为是，认为别人观念有问题，只有他的观念才是对的。

不管基于什么心态，也不管你的意见是对是错，是好是坏，一旦你主动提出来，你就犯了人性丛林里的忌讳——侵犯了人性里的"自我"！

你要知道，每个人都在努力塑造一个坚固的自我，以掌握对自己心灵的自主权，并经由外在的行为来检验自我强固的程度。你若不了解此点而去揭露他人的错误，他会明显地感受到他的自我受到你的侵犯，有可能不但不接受你的好意，反而还采取不友善的态度。尤其在工作方面，你的热心，根本就是在否定他的智慧与能力，甚至他还会认为你是在和他抢功劳，总之，他是不大领情的。

人都有排他性，也有"虽然知道不对也要做下去"的自我意识，这是他个人的选择。因此，与其"好为人师"招惹麻烦，不如"拜人为师"求自己成长。别人的事，管那么多干嘛？除非他自己来"请教"你，但说多说少，还是要有些斟酌的。

其次，是有的人不管自己的能力地位如何，总是喜欢当"和事佬"的角色。

事实上和事佬并不好当，因为他必须了解争斗的来龙去脉，了解当事人双方或多方的立场与诉求，更要了解争斗的主要症结点及当事人的性格。调停的过程中，自己还要保持公正客观的态度，既要顾全事理，又要顾全当事人的面子。在当事人公说公有理、婆说婆有理的状况之下，和事佬其实是很难做出公正判断的。

一般来说，和事佬都应由有分量的人来担任。所谓"分量"是相对的，而不是绝对的。也就是说，和事佬必须具备下列各项或其中一项条件：

1.年龄比当事人大。年龄虽然不一定能代表什么，但在人类社会中，年龄也是一种符号。

2.资历比当事人深。

3.社会地位比当事人高。

4.学历比当事人高。

总而言之，和事佬的自身条件要在当事人之上，否则说服力就不够，哪怕你论理公正，当事人也不会信服的。

因此对于人微言轻的年轻人来说，遇到争斗时，若事不关己，先闪一边，一则免遭池鱼之殃，二则可免被拉去当和事佬。若无处可闪，则这种和事只能顺势操作，让当事人自行调停，你只当个缓冲者就好了；勿下判断，勿给建议，争斗的人有时也需有个台阶下，你若有此认识，事情就好办；切忌强力介入，更切忌以自己的方式来和事，因为那只会使事情更复杂化，把自己也卷进去。

当你手伸得太长，超出了自己的份位时，人们不会因为你出于好心就轻易原谅你，我们又何必无故讨人嫌呢？

别让劝谏成为招灾惹祸的根源

宋代御史衙门的制度：凡新上任的御史，一百天内若不上奏言事，对朝廷提出批评建议，即算不称职，被罢免而去充任外官。有个叫王平的人接受了御史之任，上任快满一百天了，却未曾向朝廷奏上一言。同僚们对此感到十分惊讶。有人说："王端公（端公，对御史台长官的尊称）必定是等待着适当的机会提出意见，而这个意见必定是一鸣惊人，所奏的必定是关乎国家命运的大事啊。"一天，终于听说王平向皇上进呈奏章了，众同僚都争相去看王平所奏何事，一看奏章内容，却是指责御膳中有头发。他的奏章上写道："皇上进膳时为何表情那样严肃郑重？那是因为忽然看到膳中有卷曲的头发。"

皇上的龙体至尊至贵，一心想保重皇上的身体，还有比这更忠的吗？

明代冯梦龙的《古今谈概》，收集了言官们这些近乎搞笑的建议，对"高官厚禄者见识浅陋"极尽夸张讽刺。

御史们拿着纳税人的钱，却不敢仗义执言，提出点有建设性的意见，的确也有些尸位素餐之嫌。但是自古伴君如伴虎，不进言的，顶多是无所建树，官职得不到升迁罢了，可一旦触了君主之怒，掉脑袋的可能都有。

汉元帝刘奭上台后，将著名的学者贡禹请到朝廷，征求他对国家大事的意见，这时朝廷最大的问题是外戚与宦官专权，正直的大臣难以在朝廷立足，对此，贡禹不置一词，他可不愿得罪那些权势人物，只给皇帝提了一条，即请皇帝注意节俭，将官中众多官女放掉一批，再少养一点马。其实，汉元帝这个人本来就很节俭，早在贡禹提意见之前已经将许多节俭的措施付诸实施了，其中就包括裁减官中多余人员及减少御马，贡禹只不过将皇帝已经做过的事情再重复一遍，汉元帝自然乐于接受，于是，汉元帝便博得了纳谏的美名，而贡禹也达到了迎合皇帝的目的。

古代的帝王在即位之初或某些较为严重的政治关头，时常要下诏求谏，让臣下对朝政或他本人提意见，表现出一副弃旧图新、虚心纳谏的样子，其实这大多是一些故作姿态的表面文章。有一些实心眼的大臣却十分认真，不知轻重地提了一大堆意见，这时常招来忌恨，埋下祸根，早晚会招来帝王的打击报复。但贡禹却十分精明，专拣君上能够解决、愿意解决，甚至正在着手解决的问题去提，而回避重大的、急需的、棘手的问题，这样避重就轻，既迎合了上意，又不得罪人，表明他做官的技巧已经十分圆熟老道了。

如果不信这个邪，那么你不妨撞上去试试。

新来的主管第一次主持会议，他很诚恳地要求大家以后多提"建议"，并且说："如果发现问题，也欢迎大家告诉我。"

现场鸦雀无声，没人说话。第二次会议，主管再次重复那些话，才到职两个月的小王终于站起来提了一些工作上的建议，主管当场表示"嘉许"。小王的动作有了示范的作用，有好几位同事相继发言。

在以后的日子里，小王每遇会议，必不放过建议的机会，除了工作上的建议之外，也针对主管个人的言行有中肯而且诚恳的建议。

大家都认为，小王一定不久就会"升官"，谁知他却被调任一个闲差，从此再也没有机会在开会时提"建议"。

新主管上任，总要做做姿态，因为他要符合大家对主管的"角色期待"，

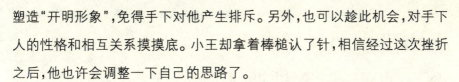
塑造"开明形象"，免得手下对他产生排斥。另外，也可以趁此机会，对手下人的性格和相互关系摸摸底。小王却拿着棒槌认了针，相信经过这次挫折之后，他也许会调整一下自己的思路了。

大事当前，"进谏"的招灾惹祸，不发言的尸位素餐。如此真的没办法了吗？非也，你可以根据对方的性格和立场，婉转地提出你的方案。

对于自信心十足、甚至有些自负的人，不要直接谈到他的计划，可以提供类似的例子，从暗中提醒他。

要阻止对方进行危及大众的事情时，需以影响他自身的名声为理由来劝阻，并且暗示他这样做对他本身的利益也有害。

对方如果是颇有自信的人，就不要对他的能力加以批评；对于自认为有果断力的人，不要指摘他所做的错误判断，以免造成对方恼羞成怒；对于自夸计谋巧妙的人，不要点破他的破绽，以免对方痛苦难过。

说话时考虑对方的立场，在避免刺激对方的情况下发表个人的学识和辩才，对方就会比较高兴地接受你的意见。

这些"进谏"方法，适合于下级对上级，也可以适用于一般的人际关系。如果能够站在对方的立场，替他考虑分析的话，那么你就可以真正取得对方的信任。

办事讲定力：
会忍才能赢，欲速则不达

如果你心中有大目标，就不要让年轻人的轻佻和冒失阻碍了你的发展。

对人对事的判断，要靠用长时期来观察，不要仅凭第一印象就判断某个人是敌是友，也不要在刚刚接触一件事的时候就将其定性。为了不搬起石头砸自己的脚，你必须在深思熟虑之后，再决定自己下一步的行动。

◎ 路遥知马力，对人不要太早下定论

在人性丛林里，人会呈现他的多面性，在不同的时空，善与恶可以出现不同的转换，也就是说，本性属"恶"的人在某些状况之下也会出现"善"的一面，本性属"善"的人也会因为某些状况的引发、催化而出现"恶"的作为。

人性如此复杂，我们想一眼就看透某一个人实在是不容易的，同时也不现实。

那么我们该如何来看人呢？

"路遥知马力，日久见人心"，经过时间的检验，才可能完全了解一个人本质。有些人为了达到出人头地的目的，"韬光养晦"，放长线投资。如果我们被他的伪装所迷惑，就可能会将豺狼本性的小人，当成一个可以信赖的君子。

中国古代帝王隋炀帝就是这样一个深藏不露，善于伪装自己的处世高手。

隋炀帝杨广在登基前本是隋文帝的次子，文帝内定的接班

人原是杨广的同胞哥哥皇太子杨勇。为了夺取太子之位,将来做隋朝第二代皇帝,杨广可谓煞费心机。

作为隋朝的开国皇帝,杨坚珍惜国力,崇尚节俭。他的妻子独孤皇后深得文帝宠幸,政见常与文帝相合,宫中称他们为"二圣"。她有两大特点:一是节俭,反对奢侈;二是嫉妒,反对男人纳妾,尤其反对男人与妾生养子女。

太子杨勇是一个大而化之的花花公子,为人豪爽,不注意小节。老娘独孤皇后最讨厌男人有姬妾,杨勇偏偏有很多姬妾,而且生有很多子女,以致妻子郁郁而死。老爹杨坚最讨厌大臣花天酒地,杨勇偏偏喜欢音乐歌舞,饮宴达旦。

杨广同他哥哥一样,也是个纨绔子弟、声色之徒,但他在父母面前将这些斑斑劣迹统统掩盖起来。每逢父母来他家,他都将娇妾美姬藏于密室,只和正妻萧氏一起迎接父母。他还撤去华美的屏帐,改用廉价的器具,弄断乐器的丝弦,使其落满厚厚的尘土,从而显示自己处处以父母为榜样,勤俭持家,不近声色。杨坚夫妇见状不由大喜。

杨坚夫妇每派人到儿子们那里,杨勇只把他们当仆人看待,杨广却不然,每次都亲自迎接,送以厚礼,于是杨坚夫妇耳畔听到的全是赞扬他的声音。杨广出镇江都,每次入朝辞行时,都痛哭流涕,依依不舍,父母看儿子如此有孝心,也流下眼泪,不忍他远离膝下。杨广所展示出来的,全是一个标准的贤人形象,是最合适的皇位继承者。

一切布置妥当后,杨广使出最后一招,诬告杨勇"谋反"。杨坚下令把杨勇贬为平民,囚禁深宫。改立杨广当皇太子,杨广终于如愿以偿地实现了自己的阴谋。

杨广当上皇帝之后,很快就放弃了伪装自己。他强奸父亲最宠爱的陈夫人,杀害哥哥杨勇,生活上更是奢华靡费,毫无顾忌。隋朝的开国杨坚,就这样折在自己的儿子手里。

人为了生存和利益,大部分都会戴着假面具。和你见面时便把假面具戴上,这是一种有意识的行为,这些假面具可能只为你而戴,而演的正是你喜欢的角色。如果你据此判断一个人的好坏,那么吃亏上当的情况就有可能发生。

对于这种惯于伪装的人,千万不能被他一时的表演所迷惑。回过头来,悄悄地从侧面观察一下他的作风,可以帮我们擦亮眼睛。这也就是说,不但要看他是如何对你,也要仔细看看他是如何对待那些不相干的人。如果一个人对能掌控自己生存资源的人谦卑克己,而对另外一些人骄傲放纵,这无疑是一只披着羊皮的狼。总有一天,他的翅膀硬了,就会反咬你一口。

一般来说,人不管怎么隐藏本性,终究要露出真面目的。因为戴面具是有意识的行为,久而久之自己也会觉得累,于是在不知不觉中会将假面具拿下来,就像前台演员,一到后台便把面具拿下来一样。面具一拿下来,真性情就出现了,可是他绝对不会想到你在一旁观察。所以我们对周围的人,先别急着给出定论,时间久了,一个个都会自然而然地露出本来面目。

反过来,还有这样一种情况。有些人心眼儿并不坏,但是脾气急、性子暴,乍一接触,简直让人有种格格不入的感觉。这时候如果你转身就走,可能就会失去一个正直的朋友了。我们周围都有平凡的人,身上总会有这样或那样的不足,有人言语无忌,得罪了人自己还不知道;有人性格豪放,不会细心地体察别人的情绪;有人为人粗疏,对于金钱的往来常常马马虎虎。初次和这些人接触,你可能对他们的印象并不好。这时候,我们也不要把人一棒子打死,以平和的心态和他们交往下去,慢慢地就会发现他们其他的优点了。交人交心,只要一个人的品性不错,其他小节也不必太计较了。

不要在见面之初就对一个人的好坏下结论，因为太快下结论，会因你个人的好恶观念而发生偏差，影响你们的交往。用"时间"来看人，就是在初见面后，不管双方是"一见如故"还是"话不投机"，都要保留一些空间，而且不掺杂主观好恶的感情因素，然后冷静地观察对方的言行。

◎ 是真正的强人，不会在意别人泼来的污水

能屈能伸才是大丈夫，不能让风浪弄翻了远行的大船。当你还没有足够的实力时，忍耐就是你生存的重要法宝。在这时候，成大事者，能审时度势，不把那些小耻小辱放在心上，且在暗地里积蓄力量，积极行动，以图后起。

西汉文帝时有一个叫直不疑的人，他在一个县城里做小吏时，与另外两个同僚住在一起。一次，那两人中的一个错拿了另一个的金子，失金的同僚却认定是直不疑拿的。直不疑知道此时说什么也没用，干脆承认是自己有急事用了，从家中拿出金子给那同僚。事情真相大白以后，汉文帝很敬佩他的度量，就提拔他为谏议大夫。

直不疑上任以后不徇私情，得罪了不少小人，他们不断上书诬陷直不疑，甚至诬陷他与自己的嫂子通奸。有人问起此事，他也只是笑笑说："我没有哥哥呀。"汉文帝问他为什么能如此，直不疑回答说："如果他们告的是事实，我自会受到法律的制裁。我有什么必要辩解呢？"文帝问他是否想知道告发他的那些人的名字，直不疑摇摇头说："他们告发的事正是我要自律的事，既然他们不愿当面提，我又何必非要知道是谁。"直不疑这种内在素质不仅折服了汉文帝，也折服了朝中所有的人。

当污水向一个人泼来的时候，最能检验这是一个什么样的人，是小肚鸡

肠、什么也容不下的匹夫，还是目光远大、不计较一时一事之荣辱的高人。

公元前498年，吴国和越国发生了一场大战。越军大败，签订了条件苛刻的条约之后，在吴国，越国君臣在耻辱和磨难中苟且偷生。渐渐地，吴王夫差放松了警惕，放他们回国了。

勾践回国以后，一面奖励农桑，厚植经济基础；一面整军经武，加强雪耻复仇力量。没有一时一刻忘却在吴国所受的耻辱。为了报仇雪恨，勾践苦身劳役，夜以继日，如果想睡了就用一种小草扎自己的眼睛，如果觉得脚冷就把水泼在上面。冬常抱冰，夏还握火，平日食不加肉，衣不重采。除了自己亲自耕作外，夫人也自织。此外，勾践还礼遇贤人，奖励生育，如火如荼的复国行动在全国各地蓬蓬勃勃地进行。

越国的雪耻计划在七年后已经卓有成效，但是表面上仍然低声下气地讨好吴国，当吴王夫差在黄池与晋定公争做盟主时，越王勾践分兵两路攻吴。三年中几经恶战，吴国被击败，夫差自杀，吴国灭亡了。越终于成为春秋时期的最后一任霸主。

韬光养晦是一种大智慧，这需要耐心、修养、智谋和胆识，即使在一帆风顺的时候也要注意使用各种方法增长自己的见识，锻炼自己的才能。

有的人看上去很平凡，甚至还给人"窝囊"不中用的弱者感觉，但这样的人并不能小看。有时候，越是这样的人，越是在胸中隐藏着远大的志向和抱负，而这种外表的"无能"，正是其心高气不傲、富有忍耐力和成大事讲策略的表现。

这种为图大业，不为外物所动的定力，说起来简单做起来难，因此而栽了跟头的人，也不在少数。

体操名将李小双在二十六届世界锦标赛上，眼看中国队比分落后，自己的得分也被欧洲裁判员巧妙地压低，十分着急。面对第四名的结局，当记者伸出话筒让他谈感想时，他忍不住抛出一句："我不知道，有的裁判到底学过规定动作没有！"这句颇不得体的话，自然受到人们的非议。事后，李小双痛定思痛，决心在提高竞技水平的同时，注意克服说话冲动的毛病，果然，以后无论遇到多大的挫折或不平，他再也不犯脱口失误的毛病了。

无论是什么人，要很好地在这个世界上生存下去，就要有耐心去接受种种考验。在职场中，有一种"蘑菇管理"定律，就是指许多初学者被置于阴暗的角落（不受重视的部门，或打杂跑腿的工作），浇上一头大粪（无端的批评、指责、代人受过），任其自生自灭（得不到必要的指导和提携）。

相信很多人都有这样一段"蘑菇"经历，但这不一定是什么坏事，尤其是当一切都刚刚开始的时候，当上几天"蘑菇"，能够消除我们很多不切实际的幻想，让我们更加接近现实，看问题也更加实际。无论你是多么优秀的人才，在刚开始的时候都只能从最简单的事情做起，"蘑菇"经历对于成长中的年轻人来说，是羽化前必须经历的一步。所以，如何高效率地走过生命中的这一段，从中尽可能地吸取经验，成熟起来，并树立良好的值得信赖的个人形象，是每个刚入社会的年轻人必须面对的课题。

◎ 忍耐第一，心急吃不得热豆腐

无论你的追求是功名还是财富，都不是可以一蹴而就的事情，这就要求我们在成功之前的黯淡时光里，要有坚持到底的信念和勇气。

我们等待成功，就像等待果实成熟，早摘的果子，必定是酸涩的。

从前，有两个人偶然与酒仙相遇，一起获得了神仙传授的酿酒之法：米要端午节那天成熟的，水要从高山上流下来的泉水,把二者调和均匀,注入千年紫砂土铸成的陶瓮里,再用初夏第一张看见朝阳的荷叶盖紧,密闭七七四十九天,直到鸡叫三遍后方可启封。

就像每一个传说里的英雄一样,他们历尽千辛万苦,找齐了所有的材料,把梦想一起调和密封,然后潜心等待那个时刻。这是多么漫长的等待啊!

第四十九天到了,两人整夜不睡,等着鸡鸣的声音。远远地,传来了第一声鸡鸣,过了很久,依稀响起了第二声。然而,期待已久的第三遍鸡鸣迟迟没有来。其中一个人再也忍不住了,他打开了自己的陶瓮,迫不及待地尝了一口,就惊呆了:天哪!像醋一样酸。大错已经铸成不可挽回的局面,他失望地把它洒在了地上。

而另外一个人,虽然也是按捺不住想要伸手,却还是咬着牙,坚持到了第三遍响亮的鸡鸣。舀出来一抿,大叫一声:多么甘甜清醇的酒啊!

只差那么一刻,"醋水"便没有变成佳酿。许多成功者,他们与普通大众的区别,往往不是机遇或是更聪明的头脑,而是在于前者多坚持了一刻——有时是几年,有时是几天,有时,仅仅只是几分钟。

人们做人做事的态度,用一个简单的实验就可以检测出来。假设给他们同样的一碗小麦,一种人会首先留下一部分用于播种,然后再考虑其他问题;而另一种人则不管三七二十一,把小麦全部磨成面,做成馒头吃掉。

我们每个人都想做一个成功的人、优秀的人,只不过在馒头的引诱下,我们失去了忍耐的性子。成功是要讲究储备的,仓库里的东西越充足,成功的机会就越大,也才可能走得更远。成功的路是那样的遥远与艰辛,口袋里的馒头固然可以令我们在启程以后跑得飞快,不过吃了眼前

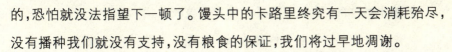

的，恐怕就没法指望下一顿了。馒头中的卡路里终究有一天会消耗殆尽，没有播种我们就没有支持，没有粮食的保证，我们将过早地凋谢。

有两位学法律的大学生，一个毕业以后就去了律师事务所工作，而另外一个则选择继续深造。他们毕业的时候，才 23 岁。转眼 10 年过去了，那个参加工作的同学已经成了鼎鼎有名的大律师，而继续深造的另一个同学也结束了学习生涯，跨入了律师的行业。到他们都是 35 岁的时候，这位 33 岁才成为律师的同学已经和做了 12 年律师的另一位同学做得一样好，一样有名。可是到了 43 岁，也就是他们毕业 20 年后，后者由于 10 年深造积累的知识不断地派上用场，生意越做越好；而前者却由于自己的知识所限，跟不上时代的潮流而日渐沉寂下来。

无论我们做什么，想力求速达，就难以达到理想与急切的愿望，就难以把事情办扎实。早熟便是小材，大器必然晚成。是的，在我们这个世界上，一日暴富、一夜成名的事例也有，但毕竟这只是一个偶然，代替不了世间的大道。许多成功者的成长之路其实无比的平淡，没有新闻、没有传奇，他们依靠自己兢兢业业的持久经营，同样取得了许多人难以企及的成就。

哲学家告诉我们，世间的任何一件事情，都有它的不二法门。不论什么时候，一切急功近利的思想与行为都是一种短视，都是非常有害的。我们一定要目光长远，而不要只盯着眼前的一点点利益，要学会朝着目标不停顿地努力，这是成功的唯一选择，也是最好的选择。

决心获得成功的人都知道，进步是一点一滴不断地努力得来的。例如，房屋是由一砖一瓦堆砌成的，足球比赛的最后胜利是由一次一次的得分累积而成的，商店的繁荣也是靠着一个一个的顾客在不停地购物过程中形成的，所以每一个重大的成就都是一系列的小成就累积成的。

她，1972 年作为第一届工农兵大学生以优异的成绩毕业于北京外语学院,被分到英国大使馆做接线员。

当时,做一个小小的接线员,是很多人觉得很没出息的工作,但她却把这个平凡不过的工作做得不同凡响。她将使馆所有人的名字、电话、工作范围甚至连他们家属的名字都背得滚瓜烂熟。有些电话进来,有事不知道该找谁,她就会多问问,尽量帮人家准确地找到人。

慢慢地,使馆人员有事要外出,并不告诉他们的翻译,而是给她打电话,有很多公事、私事也委托她通知。一时间,她成为全面负责的留言点、大秘书,成了使馆的"全权代办"。有一天,大使竟然奇迹般地跑到电话间,笑眯眯地表扬她。

没多久,她就因工作出色而破格调出给美国某大报记者处做翻译。在那里,她同样干得非常出色,不久,她就被破例调到美国驻华联络处,因成绩突出,获外交部嘉奖。

再后来,她被提拔为北京外交学院副院长。

她是谁呢?

她就是任小萍,她说:"在我的职业生涯中,每一次都是组织上安排的,自己并没有什么自主权。但在每一个岗位上,也都有自己的选择,那就是要比别人做得更好。"

同样在默默无闻的时候,人与人对现实的认识也是不同的。那些具备成功潜质的人,即使在逆境之中,也不会因为环境不利,希望渺茫,条件艰苦而放弃做准备。他们总是能想出办法、创造出条件去学习,去思考,去实践。把每件事都当成一项事业去经营,脚踏实地开创自己的成功基础。

踏踏实实地做下去是实现任何目标的唯一聪明做法。对于那些刚开始做自己事业的人来讲,不管被指派的工作多么不重要,都应该看成是"使自己向前跨一步"的好机会。有时某些人看似一夜成名,但是如果你仔细看看他们过去的历史，就知道他们的成功并不是偶然得来的，他们早已投入无数心血，打好坚固的基础了。

付出与回报，从来都是成正比的，中间过程的蹉跎并不可怕，只要我们有足够多的耐心，最终能等来足够好的结果。

做事讲机变:

既当老虎又当猫,红脸白脸都能唱

人不能戴着面具生活,可在遇到一些非常之人、非常之事时,也不能傻乎乎地任人宰割。

震慑恶人、笼络小人、搞定对立者,是我们在社会的大舞台上经常可以赶上的场景,每一次,都需要我们根据特定的氛围,拿出不一样的表现来。

◎ 处小人在不远不近之间

所谓小人,是指人品差、气量小、不择手段、损人利己之恶徒。在待人处世中,谁都不愿意与这种人打交道,可不管你愿意还是不愿意,都不可避免地会碰到这种人。小人的眼睛牢牢地盯着周围大大小小的利益,随时准备多捞一份,为此甚至不惜一切代价准备用各种手段来算计别人,令人防不胜防,说不定什么时候就会在背后给你一刀。

小人是琢磨别人的专家,敢于为极小的恩怨付一切代价。因此在待人处世中如何与小人打交道,还真得有一套行之有效的应对之策。对付和利用小人没有一套办法是不行的。如果你既不想把自己降低到与小人同等的地步,也不想与小人两败俱伤的话,那就睁只眼闭只眼,死活不理他;或者惹不起躲得起,尽量不与小人发生正面冲突。一句话,如果不是非有必要,那就别得罪小人。看看历史的血迹,有几个人能躲得过小人的陷害?

唐朝的杨炎和卢杞两人同任宰相。杨炎善于理财,文才也好。而卢杞除了巧言善辩之外,别无所长。他嫉贤妒能,使坏主

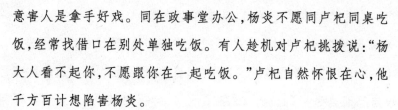

意害人是拿手好戏。同在政事堂办公，杨炎不愿同卢杞同桌吃饭，经常找借口在别处单独吃饭。有人趁机对卢杞挑拨说："杨大人看不起你，不愿跟你在一起吃饭。"卢杞自然怀恨在心，他千方百计想陷害杨炎。

当时，有一个藩镇割据势力梁崇义发动叛乱，德宗皇帝命令另一名藩镇李希烈去讨伐。杨炎觉得不妥，说："李希烈这个人，杀害了对他十分信任的养父而夺其职位，为人凶狠无情，没有功劳却傲视朝廷，不守法度，若是在平定梁崇义时立了功，以后便更难以控制了。"

德宗已经下定了决心，对杨炎说："这件事你就不要管了！"杨炎却一再表示反对，这使对他早就不满的皇帝更加生气。

不巧赶上天下大雨，李希烈一直没有出兵。卢杞知道这是扳倒杨炎的好时机，便对德宗皇帝说："李希烈之所以拖延不肯出兵，正是因为听说杨炎反对他的缘故，陛下何必为了保全杨炎的面子而影响平定叛军的大事呢？不如暂时免去杨炎宰相的职位，让李希烈放心，等到叛军平定以后，重新起用，也没有什么大关系！"

这番话看上去完全是在为朝廷考虑，也没有一句伤害杨炎的话，卢杞排挤人的手段就是这么高明。德宗皇帝果然信以为真，免去了杨炎宰相的职务。

从此卢杞独掌大权，杨炎自然就在他的掌握之中。他当然不会让杨炎东山再起，故意找茬整治杨炎。杨炎在长安曲江池边为祖先建了座祠庙，卢杞便诬奏说："那块地方有帝王之气，早在玄宗时，宰相萧嵩曾在那里建立过家庙，玄宗皇帝不同意，令他迁走。现在杨炎又在那里建家庙，必定怀有篡位的野心！"

听信谗言早就想除掉杨炎的德宗皇帝便以卢杞这番话为

借口,先将杨炎贬至崖州,随即将他杀死。

杨炎刚愎自用,把对卢杞的蔑视表现在明处,最终被卢杞所害。

《呻吟语》的作者吕坤说:"处小人,在不远不近之间。"过分地接近小人,对自己而言是一种负担;冷落了他,又会招致嫉恨,不知其心怀何鬼胎。所以,保持适当的距离才是上策。

书中又说:"由于喜欢蛇,而贸然出手去抚摸它,往往会被它咬噬而中毒;倘若因为不喜欢老虎,而动手打它,同样也会被老虎吞噬。"因此,必须远离蛇和老虎,即所谓"敬鬼神而远之"。这里的蛇和老虎就是指小人。现实中每个人身边都会有小人,对这种人一定要提防,不要笨拙地出手,以免遭致不必要的伤害。

聪明人能妥善处理和"小人"的关系,主要是能把握以下几个原则:

1. 不得罪他们。一般来说,"小人"比"君子"敏感,心里也常常比较自卑,因此你不要在言语上刺激他们,也不要在利益上轻易得罪他们。

2. 保持距离。别和小人过度亲近,保持平淡的关系就可以了,但也不要太过疏远,好像不把他们放在眼里似的,否则他们会这样想:"你有什么了不起?"于是你就要倒霉了。

3. 小心说话。说些"今天天气很好"的话就可以了,如果谈到了别人的隐私,谈了某人的不是,或是发了某些牢骚而不平,这些话很可能会变成他们兴风作浪和整你的把柄。

4. 不要有利益瓜葛。小人常成群结党,霸占利益,形成势力,你如果功夫还没练到家,就千万不要想靠近他们来获得利益,因为你一旦得到利益,他们必会要求相当的回报,甚至死缠着你不放,想脱身都无可能。

5. 吃些小亏无妨。"小人"有时也会因无心之过而伤害了你。如果是小亏就算了,因为你找他们理论不但讨不到公道,反而会结下更大的仇。所以,原谅他们吧!

因此,对付小人,还是不要跟他们一般见识。同时,也不要刻意揭露他们的颜面,还是保持距离为妙。

另外,对于那些既不要脸,又不要命的小人,还是避一避为好。小人固然厉害,但你并不怕他,避开小人完全是因为你根本不值得把太多的精力浪费在一些毫无意义的事上。一旦把握不好自己的行为界限,得罪小人,他就会想方设法来算计你,破坏你的正事,分散你的精力,使你不能安心于工作、学习和生活。"宁得罪君子,不得罪小人",可谓是待人处世中与小人打交道的至理名言。

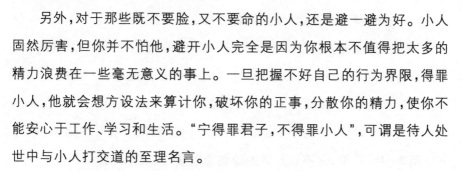

收服人心,有软有硬才好使

每个人都会有"给人好处"的经验,而唯有给人好处,才能从别人身上也得到一些"好处"!如果从不懂得给人好处,那么这个人就不会有太大的成就。

给人好处还是有一些学问的,别以为"给"这个动作很容易,给得不恰当,不但对方不会感激你,有时还会怨你!你白白损失"好处",又招人怨,天底下再也没有什么事比这更冤的了。

所以,要给人好处,就要给得"恰到好处",也就是说:不轻给、不滥给、不吝给!

所谓"不轻给"就是不轻易给对方,总是要让对方为这"好处"吃一些苦头,花一些心力,让他在"付出"之后才"得到",这样子他才会珍惜这"得来不易"的好处。如果你因为身上有太多"好处"而随便给人,或想以"好处"来讨别人欢喜,那么不但他不会珍惜这些"好处",对你也不会有任何感激之心,反而还会嫌少、嫌不够好,甚至一再向你要好处,你如不给或给得不如前次好、不如前次多,对方便要怪你、恨你,比你不给他好处还怨得深、恨得厉害!

"不滥给"就是"不乱给",该给谁、给多少都要有准则,否则会出现和"轻给"一模一样的后遗症,而且还会造成是非不同的结果。

"不吝给"是指应该给、必须给、不得不给时,就要毫不吝惜地给、慷慨大方地给;不怕给得多,只怕给得少。这种情形包括:人家有恩于你时、奖赏有功的属下时、要重用某人时、要收买人心时,以及情势所迫时。

如果你给得少,给得不干脆,那么这"好处"的效果会减少很多,甚至还会引来相反效果,得不到别人的感谢也就罢了,有时还会招怨!

要使人宾服,手段太硬了不行,高压政策下,反抗力愈大,对事业没有好处;完全不用手段,嘻嘻哈哈老好人一个,则会引起他人的骄纵之心、轻慢之气,再也树立不起自己的权威。所以要想"驭人",就要有恩有威,有软有硬,让人从心里服帖。

30岁之前的年轻人,大都还没有混到一定的份位上,手中掌握的资源不多,要说是以好处"驭人",为时过早。可对学习做事,这是一个新的层次,许多权高位重的大人物,都是此中高手。

晚清,李鸿章初到曾国藩的幕府时,曾经被曾国藩所拒绝。其实,曾国藩并不是不愿接纳李鸿章,而是看李鸿章心高气傲,想打一打他的锐气,磨圆他的棱角。所以当李鸿章二次重来时,曾国藩就把他收归麾下。

曾国藩很讲究修身养性,规定了"日课",其中包括吃饭有定时,虽在战争时期也不例外。而且,按曾国藩的规定,每顿饭都必须等幕僚到齐方才开始,差一个人也不能动筷子。曾国藩、李鸿章,一个是湖南人,一个是安徽人,习惯颇有不同。曾国藩每天天刚亮就要吃早餐,李鸿章则不然。以其不惯拘束的文人习气,而且又出身富豪之家,对这样严格的生活习惯很不适应,每天的一顿早餐实在成了他沉重的负担。一天,他假称头疼,没有起床。曾国藩派弁兵去请他吃早饭,他还是不肯起来。之后,曾国藩又接二连三地派人去催他。李鸿章没有料到这点小事竟让曾国藩动了肝火，便慌忙披上衣服，匆匆赶到大营。他一入座，曾国藩就下令开饭。吃饭时，大家一言不发。饭后，曾国藩把筷子一扔，板起面孔对李鸿章一字一顿地说："少荃，你既然到了我的幕下，我便告诉你一句话：我这里所崇尚的就是一个'诚'字。"说完，拂袖而去。

李鸿章何曾领受过当众被训斥的滋味？心中直是打颤。从此，李鸿章在曾国藩面前更加小心谨慎了。

这就是所谓的"威"字，要能震慑得住身边的人。有了大棒子，还要有胡萝卜，否则，人就留不住了。

李鸿章素有文才，曾国藩就让他掌管文书事务，以后又让他帮着批阅下属公文，撰拟奏折、书牍。李鸿章将这些事务处理得井井有条、甚为得体，深得曾国藩赏识。几个月之后，曾国藩又换了一副面孔，当众夸奖他：

"少荃天资聪明，文才出众，办理公牍事务最适合，所有文稿都超过了别人，将来一定大有作为。'青出于蓝而胜于蓝'，也许要超过我，好自为之吧。"

这一贬一褒，自然有曾国藩的意图。而作为学生的李鸿章，对这位比他大十二岁的老师也是佩服得五体投地，他曾对人说："过去，我跟过几位大帅，糊里糊涂，不得要领，现在跟着曾帅，如同有了指南针。"

曾国藩驾驭属下，无外乎用两种手段，或软硬兼施，或外严内宽。既有苦口婆心的谆谆教导，又有公事公办的严正手段，终于赢得天下归心。

对于大人物，收服人心是要给不同的位置选择不同的人才，然后合理调配，共同成就其大业。这里面还包括了对人的品格和性情的察识，对后进力量的提携和培养等等，以逐步形成自己在人群中的凝聚力和影响力。对于普通人，就是朋友和合作者的选择问题，在人与人之间互相支持和推进，然后达到一个全新的境地。

◎ 以"妥协"的方式，为自己争取更多的权利

人性丛林里的争斗有很多种解决方式，妥协是其中的一种。

妥协是双方或多方在某种条件下达成的共识，在解决问题上，它不是最好的方法，但在没有更好的方法出现之前，它却是最好的方法，因为它有不少的好处：

1. 可以避免时间、精力等资源的继续投入。在胜利不可得，而资源消耗殆尽日渐成为可能时，妥协可以立即停止消耗，使自己有喘息、调整的机会。也许你会认为，强者不需要妥协，因为他资源丰富，不怕消耗。理论上是这样子，但问题是，当弱者以飞蛾扑火之势咬住你时，强者纵然得胜，也是损失不小的惨胜，所以，强者在某些状况下也需要妥协。

2. 可以借妥协的和平时期，来扭转对你不利的劣势。对方提出妥协，表示他有力不从心之处，他也需要喘息，说不定他是要放弃这场"战争"。如果是你提出，而他也愿意接受，并且同意你所提的条件，表示他也无心或无力继续这场"战争"，否则他是不可能放弃胜利的果实的。因此妥协可创造和平的时间和空间，而你便可以利用这段时间来引导"敌我"态势的转变。

3. 可以维持自己最起码的存在。妥协常有附带条件，如果你是弱者，并且主动提出妥协，那么虽然可能要付出相当高的代价，但却换得了存在。存在是一切的根本，因为没有存在，就没有明天，没有未来。也许这种附带条件的妥协对你不公平，让你感到屈辱，但用屈辱换得存在，换得希望，相信也是值得的。

妥协其实是非常务实、通权达变的生存智慧。凡智者，都懂得在恰当时机接受别人的妥协，或向别人提出妥协，毕竟人要生存，靠的是理性，而不是意气。

1808年秋，拿破仑决定邀请亚历山大在埃尔富特举行第二次会晤。这次会晤，是拿破仑为了避免两线作战，以法俄两国的伟大友谊来威慑奥地利。消息传到俄国宫廷，激起一片抗议声。皇太后在给亚历山大的信中说："亚历山大，切切不可前往，你若去就是断送帝国和家族，悬崖勒马，为时未晚，不要拒绝你母亲出于荣誉感对你的要求。我的孩子，我的朋友，及时回头吧。"

但亚历山大却认为，目前俄国的军事力量仍然弱于法国，还不足以抗击拿破仑的军队，因此必须佯装同意拿破仑的建议，应该造成联盟的假象以麻痹之。俄国要争取更多的时间妥善做好战争准备，时机一到，就从容不迫地促成拿破仑垮台。

来到埃尔富特后，亚历山大有意地在拿破仑面前恭言卑词，在两个星期的会晤中，亚历山大与拿破仑形影不离。有一次看戏，当女演员念出伏尔泰《奥狄浦斯》剧中的一句台词，"和大人物结交，真是上帝恩赐的幸福"时，亚历山大居然装模作样地对拿破仑说："我在此每天都深深感到这一点。"

又一次，亚历山大有意去解腰间的佩剑，发现自己忘了佩带，而拿破仑把自己刚刚解下的宝剑，赐赠给亚历山大，亚历山大装作很感动，热泪盈眶地说："我把它视作您的友好表示予以接受，陛下可以相信，我将永远不举剑反对您。"

1812年，俄法之间的利益冲突已经十分尖锐。这时亚历山大认为俄国已做好军事上的准备，于是借故挑起战争，并且打败了拿破仑。

事后亚历山大总结经验教训时说："波拿巴认为我不过是

个傻瓜，可是谁笑到最后，谁笑得最好。"

亚历山大以一国之尊，在对手面前几近卑躬屈膝，这个弯儿不是一般人能转过来的。他之所以能做得极为到位，是因为心存一种"笑到最后"的念头。以一个不甚恰当的例子说，就是一位做演员的，心知演什么角色，都是生存和事业的需要，脱下戏服，我还是我。所以演员可以演奴隶、演小人，演一切厚颜无耻的角色，演得越像，自己未来的前景就越光明。在现实中也一样，谁说自己一向按本色生活，遵从心灵的喜恶行事，他可能是圣人，更可能是个谎言的制造者。

对人妥协，考验的不但是我们处世的水平，同时也考验了我们的心理素质。有时候，低头并不像我们想象中的那么简单，否则世上也没有那么多因为放不下架子而吃亏惹祸的人了。在关键时刻可以低下头的人——当然不包括那些一辈子唯唯诺诺的应声虫，在内心必有自己的长远考虑。

我们的人生，不可能总是处于顺境，每一个愿意向上攀越的人，都逃不掉拿自己的热脸对人家冷遇的尴尬。这对自己的自尊心是一次挑战。此时我们应把看问题的角度变一下，不要光想着自己的感受，还要看到比这更重要的东西，比如金钱、事业、职责、使命等等。有了这种思想，对自尊就有了控制力，唱红脸或者唱白脸，就都不是问题。

◎ 以强硬的姿态，制造"威慑力"

在一定条件下，"示弱"是一种弹性的处世手段，可以避免冲突、保存实力；而在人前显示自己强大的一面，也是一种高明的生存智慧，让他人看到你的强大，你的利益和尊严才能够得到保证。

俗话说得好："只有不快的斧子，没有劈不开的柴。"人在名利场上行走,难免会遇到一些对自己不利的人,只有让他看到你强大的一面,他才会向你服输。

中国宋代名将王德用被任命为定州总管,率兵抗击契丹人入侵。为打败契丹,他日夜训练士卒,希望他们成为可用之才。过了一段时间,军容整齐,兵强马壮。恰好有个契丹探子来偷偷侦察,有人请求立马把他杀了。王德用说:"不用,让他看一下我们强大的军队,回去据实报告吧。"接着继续训练士兵仪式,故意让那个探子看。第二天,王德用又故意举行盛大阅兵,战士们都生龙活虎,精神振奋。王德用假装公开下令:"准备好干粮,听我的旗鼓行动,去征伐契丹。"那名探子听后,赶回去报告,说汉兵将大举进攻,吓得契丹王赶忙派人前来议和。

好钢用在刀刃上,让他人看到你强大的一面,这样,你的利益和尊严才能够得到保证。

日本井植薰 16 岁进入松下电器工作,20 岁因为工作业绩突出被任命为第八厂厂长。他高高兴兴去上任,准备大干一番。谁知道那帮粗野的工人见他长得白白净净、文质彬彬,都笑他是个"白脸小和尚",根本不服从他的领导。井植薰开始不跟他们计较,在对工厂进行深入了解后,决定实施几项改革措施,但遭到了工人们的强硬抵制。井植薰在大会上三令五申,在私下里谈心说服,总算将改革措施实行下去。

为了树立威信,井植薰决定首先要震慑几个带头工人。他的酒量比较大,有什么事,他就请工人们在酒桌上谈。他还知道一种喝酒不易醉的方法:饮酒前大量饮水,酒量可大增。而工人们干了一天活后,空腹喝酒,比较容易醉。所以,每次比拼酒量,几个人加在一起也喝不过他。渐渐地,那些反对派都被他折服了,对他言听计从。他在管理上再也没遇到过什么阻碍。

显示自己的强大，并非让自己在交往中具有攻击性，只是要向人适时表明自己有足够的攻防能力，这样无论是谁，都不敢有轻易动你的歪脑筋。

如果你没有震慑他人的强项，必要时可以采取"破釜沉舟"的手段，大家都想以"零伤亡"取胜，突然蹦出个不计后果的人，确实让人心里犯怵。当你做出破釜沉舟的姿态时，对方就会掂量掂量是否值得与你作对，并很可能就此放弃抵抗。

周晓光出差去哈尔滨，刚下车便听到有人叫站，说他们的旅店在什么位置，什么级别，有什么设施，说得天花乱坠。他信以为真便跟叫站人打招呼，但叫站人说要先付押金，周晓光拿出钱来付了押金，谁知跟随叫站人到了那一看，全不是那么回事。什么星级，什么现代设施，只不过是阴暗潮湿的地下室，不开灯连点光线都没有。周晓光很懊悔，也很气愤，便问叫站人："怎么这么差的条件，这不是骗人吗？"老板不高兴了，看了看他，"谁骗你了，不是你自己来的吗！"周晓光不服："那是听了你们叫站的虚假之言，再说了，我自己来的，我照样还可以自己走呀，给我钱！""怎么地？"老板样子很凶："给你钱？你以为你是谁呀？这里不是你想来就来，想走就走的地方。"

周晓光见这势头真有点害怕，但心里不服，于是狠了狠心，决定拼出去了。他学着老板的腔调吼："你凶什么凶，你想怎地？我坚决退房，不退我就给110打电话了！"老板不理他，去招呼别的客人了。

正在这时，外面又来了几位不知情的受骗者，周晓光凑过去，说："老板，我看还是退钱吧，想你也是明白人，如果我一嚷，那几位还没登记的旅客必会自行告退，孰轻孰重，聪明的你不会不明白吧！"最后老板在无可奈何中把钱全部退还给他。

在有些时候、有些地方、有些人正是摸准了人们欺善怕恶这一心理，才硬拿不是当理说，目的就是"宰人"。所以，面对对方野蛮粗俗和无理的冲撞，必须以"恶"碰恶，同时坚持原则，据理力争，绝不能迁就软弱，你要是此时还一副老实相，那就会付出比一般人更大的代价。

　　人性天生自有恃强凌弱的一面，我们在这世间行走，只要掌握了人性的这一面，适当地采用一定的手腕，让他人看到自己强大的一面，便会取得良好的效果，这对我们做人行事都会有一定的帮助。

做事讲技巧:
上赶着不是买卖,欲擒故纵才够吸引力

人都是有种逆反心理的,比如你同人共事,对方的热情越高,你的疑虑就会越多。

同样,在你需要显示自己的身份或者需要争取对方的支持与合作时,台面一定要撑起来,以一副胜券在握的样子,为自己吸引更多的资源。

◎ 到了摘桃子的时候,更要沉得住气

我们都知道,在男女情爱中,一方追得紧了,另一方一定就想逃。有个朋友,喜欢同系的一位女同学,几年同窗生涯,鲜花巧克力不知送了多少,那女生始终对他若即若离,没有一句痛快话。一直到毕业了,两人在同一座城市找到了工作,关系还没定下来。他自问这护花使者的角色也演得够尽心的了,到底差在哪儿了呢? 有明白人一语点透:你对她稍稍远一点儿试试。于是他借口工作忙,一星期也没打电话问候,见面时,也行色匆匆,一副高深莫测的模样。如此这般,那女孩终于沉不住气了,反来找他诉委屈。

不说这儿女情长的小事,其实,在生意场上、社交场所,也是同样的道理。

有一年在贵阳举办的中国国际名酒节上,外省的一家经贸公司与贵州一家酒厂谈判。该公司欲订购白酒 10 吨。但贵州的酒厂如林,名酒如云,各家竞争相当激烈。究竟订哪家的,委实举棋难定。

他们在与这家酒厂的洽谈间，对这么一宗大生意，厂家掩藏起内心的兴奋，平静而又抱歉地说："对不起，我们今年的货早已订完了，已开始订明年的了。如果你们需要，我们设法给你们安排明年早一些的。"听了这一席话，公司当然大出意外："是吗？前天你们还在大拉客户呢！"厂家随即摆出一副赤诚的样子："商场如战场嘛，你们是聪明人，会不懂吗？那是我们的一种策略。众所周知，我们的酒是根本用不着'拉'的；更何况过了一天，情况还不会变？这不，今天一清早，广东一家公司才将今年的最后一批10吨全部订完，你们可以去问问他们嘛！"此一说果真有效，公司有些急了："是的，听说你们的酒好，我们才慕名而来。我们来一趟也不容易，能不能通融一下，先挪给我们一些？"厂家故作为难状。

公司更加着急，好话说了一大堆。厂家这才以关怀、同情的口吻道："既然你们要与我们长期合作，考虑到我们的长远利益，我们可以给其他客户做做工作，每家匀出一点，给你们凑足10吨。"

一般来说，人们普遍都有种逆反心理，正应了那句"上赶着不是买卖"的俗话。你越屈就，他越是端架子，要合作的事项就很难谈成了。这就像钓鱼一样，你急切的愿望表现在脸上，心弦绷得紧紧的，鱼儿怎么还会来咬钩呢？若心平气和，摆出一副无可无不可的悠闲姿态来，旁观者见了，无形中就会有这样一个印象：他实力雄厚，且有的是时间，要办什么事，赶紧趁早吧！

今世广告公司总经理崔涛，她的成功理念和生活价值可以说是与众不同的。

这个花一样艳丽的女子，从来都穿最鲜艳、最纯正的颜色。有时她一身鲜红套裙，长发披肩，头顶墨镜，十分抢眼；或者一身亮黄色带腰带长毛衣,黑色超短皮裙,黑色长筒皮靴,马尾发高高束在头顶,面色红润,笑容灿烂,艳丽得如冬日里射进房间的一束阳光。工作中的崔涛,个性张扬,胆大自信,工作起来雷厉风行,爽快得就像秋天的气候。

崔涛闯入广告业仅 6 年,就空手夺宝,将今世公司发展成为一个年广告代理额达数亿元的大型广告公司,连续几年拥有中央电视台综合播出频道的独家广告代理权。

崔涛是从拉广告开始自己的广告人生涯的。"广告公司拉广告是帮助企业赚钱,企业宣传好了赚的是大钱,广告公司赚的只是小钱。"所以崔涛和人谈广告,从来都是理直气壮,不卑不亢,让客户感到与今世公司合作,会有效果,可以带来收益。

"做广告是要帮助厂商把商品卖出去,这里面很有学问,得站在客户方面、站在消费者的立场上多想问题,多了解情况,这才能帮助企业设计出切实可行的广告方案。有些广告人,什么都不问,什么都不想,开口就是广告,怎能不让人给轰出来呢?"崔涛一口京腔,几乎不喘气地说道。"我之所以不需要求人,是因为我很自信,我们有这个实力,可以做好这个广告,能帮企业赚钱。"崔涛有理由自信。这几年和今世公司合作过的客户,许多都旺起来,最典型的是双汇火腿的广告,在中央电视台播出后,双汇的年销售额从 5000 万一下跃升至 2 亿元。和今世合作 6 年,双汇现在已成为年产值达 40 亿、利润达 24 亿的全国食品加工的龙头企业。

与人合作,本是一种"双赢"的战术。这里面没有施主也没有乞丐,既然我们是以实力说话,就要大大方方地展现自己的风采。中国人历来以含蓄为美,可含蓄到让人置疑你的能力的时候,就是彻头彻尾的失败了。

请重重地甩掉这种心态吧!做人固然不能自大、自傲,但是,也不必

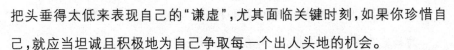

把头垂得太低来表现自己的"谦虚"，尤其面临关键时刻，如果你珍惜自己，就应当坦诚且积极地为自己争取每一个出人头地的机会。

先把自己捧高了，好处是能做得起身份，要得起价钱；不利因素当然也有，如果对方"知难而退"，我们就可能眼睁睁地看着本应该属于自己的利益打了水漂。那么这种谱儿究竟当摆不当摆呢？还是要摆下去的。我们可以来算这样一笔账，台面绷得低了，"大客户"看不上，失去的是更上一层楼的机会；台面提到一定层次，会吸引一些实力人物的注意力，自己的身价也会跟着上扬。衡量得失，适当地"牛"一下还是有赚头的。除了那些刚出校门的学生，一点儿积累没有，所以才必须表现出意气风发的姿态，让人感觉到他的培养价值。而已经在社会上立足的人，多少总会有一些骄傲的本钱的。你的头脑、技术、资历、人脉关系或手中的资源，如果轻易出售或者干脆白送，对方也不会以为你是个善良大方的热心人，他不会看重这些没下本钱的东西，甚至你这个人。

◎ 给人更多的选择权，他才会信赖你

没有人喜欢自己被强迫购买东西或遵照命令行事。我们宁愿出于自愿购买东西，或是按照我们自己的想法来做事。我们很高兴有人来关注我们的愿望、我们的需要，以及我们的想法。

明白了这个道理，你在"推销"自己的商品、设计或者见解时，是不是就需要考虑换一种让对方更容易接受的方式。

一位 X 光机制造商，利用同样的心理战术，把他的设备卖给了布鲁克林一家最大的医院。那家医院正在扩建，准备成立全美国最好的 X 光科。L 大夫负责 X 光科，整天受到推销员的包围，他们一味地歌颂、赞美他们自己的机器设备。

然而，有一位制造商却更有技巧。他比其他人更懂得人性的弱点。他写了一封信，内容大致如下：

我们的工厂最近完成了一套新型的 X 光设备。这批机器的第一部分刚刚运到我们的办公室来。它们并非十全十美，你知道，我们想改进它们。因此，如果你能抽空来看看它们并提出你的宝贵意见，使它们能改进得对你们这一行业有更多的帮助，那我们将深为感激。我知道你十分忙碌，我会在你指定的任何时候，派我的车子去接你。

"接到那封信时，我感觉很惊讶，"L 大夫事后说，"既觉得惊讶，又觉得受到很大的恭维。以前从没有任何一位 X 光制造商向我请教。那个星期，我每天晚上都很忙，但我还是推掉了一个晚餐约会，以便去看看那套设备。结果，我看得愈仔细，愈喜欢它。

"没有人试图把它推销给我。为医院买下那套设备，完全是我自己的主意。我接受了那些优越的品质，于是就把它订购下来。"

我们明天所要接触的人，都具有同样的人性弱点，喜欢被人认为是聪明的、有个性、有思想的人。所以，如果你有了一个非常好的创意，你先不必洋洋自得地卖弄，而应该巧妙地引导对方认同这个创意，让对方觉得这也是他的创意，让他很有成就感。以此为基础，离你期盼已久的胜利就不会太远了。

当你把己方的一切摆到桌面上的时候，大家认为你是坦诚的君子，反而会不自觉地寻找起你的优胜之处来，这便是你们合作的良好开端。

经营房地产推销的哈默先生，有一次承担了一项艰巨的推销工作。因为他要推销的那块土地紧邻一家木材加工厂，电动锯木的噪声使一般人难以忍受，虽然这片地接近火车站，交通便利，但却无人问津。

哈默先生想起有一位顾客想买块土地，其价格标准和这块地大体相同，而且这位顾客以前也住在一家工厂附近，整天噪声不绝于耳。于是，哈默先生拜访了这位顾客。

"这块土地处于交通便利地段，比附近的土地价格便宜多了。当然，之所以便宜自有它的原因，就是因为它紧邻一家木材加工厂，噪声比较大。如果您能容忍噪声，那么它的交通地理条件、价格标准均与您希望的都非常相符，很适合您购买。"哈默先生如实地对这块土地作了认真的介绍。

不久，这位先生去现场参观考察，结果非常满意。他对哈默先生说："上次你特地提到噪声问题，我还以为噪声一定很严重，那天我去观察了一天，发现那里噪音的程度对我来说不算什么。我以前住的地方整天重型卡车来来往往，络绎不绝，而这里的噪声一天只有几个小时，所以我很满意。你这人真老实，要换上别人或许会隐瞒这个缺点，光说好听的，但你这么坦诚，反而让我放心。"

就这样，哈默先生因为勇于承认不足而顺利地做成了这笔难做的生意。

不管是大人物还是小人物，对于自己的控制权和选择权都是十分重视的，在职场中更是如此。与上司打交道，其中一个重要原则就是尊重他们的权威，让他有一种一切尽在掌握的优越感。

想想看，一味把问题往上面推，要这种职员何用？只拿出一种方案来，让领导的决策权如何体现？让上级在多项建议中做出选择，会使上级感到非常舒服，是一种高明的工作技巧。

基辛格在美国政府中的生涯可谓壮丽辉煌。他第一次崭露头角引起国民注意是作为当时的纽约州州长纳尔逊·洛克菲勒的外交政策顾问，洛克菲勒竭力向理查得·尼克松推荐基辛格，终使基辛格后来成了美国的国务卿。继尼克松之后,杰拉尔德·福特接任总统,他上任后办理的第一件事就是再次任命基辛格为国务卿。还有罗纳德·里根,虽然他被迫向极右支持者们许下诺言,他将不会任命基辛格为国务卿,然而他经常要求得到基辛格的帮助。

与总统或将成为总统的人打交道,基辛格喜欢用的手段之一就是让他们自己做出各种选择。至少在重要问题上,他努力向他们提供许多可能性以供他们选择,而不是提出一个特定的政策或是特定的行动方针。

基辛格总是精心地列举各种可能性。他列出每个可行的方案,并且认真地写下它们所有的优点和缺点,但他绝对禁止自己只推荐其中的任何一个。

从上级管理的角度来看,这种方法的优点是显而易见的。当然,这种方法不只局限于外交活动场所,在处理相当细微的琐事的时候,也可以有效地使用它。

尽管有这些潜在的缺点,这种方法仍有其真正的魅力。它让上级就问题作出最后的决策,从而使其发挥作为上级应起的作用。

◎ 底子再薄,也别让对方看破了

不足 30 岁的年轻人,大都是社会上的小人物。虽然人微言轻是你的本色,但是我们应该认识到,在这个自由竞争的时代,总是拿自己的窘迫形象示人,并不是什么光彩的事儿。

商业社会,质朴的、低调的作风更需要一种本钱。要想从人群里脱颖而出,首先从外表上,就要有让人信赖的样子。

香港的曾宪梓创业之初，曾有一次背着领带到一家外国商人的服装店推销。服装店老板看他穿着朴素，又操一口浓重的客家话，毫不客气地让曾宪梓马上离开。曾宪梓碰了一鼻子灰，只好怏怏不快地走了。

曾宪梓回家后，认真反思了一夜。第二天早上，他穿着笔挺的西服，又来到了那家服装店，恭恭敬敬地对老板说："昨天冒犯了您，很对不起，今天能不能赏光吃早茶？"服装店老板看了看这位衣着讲究、说话礼貌的年轻人，顿生好感，欣然答应。两人边喝茶，边聊天，越谈越投机。从此以后，这家服装店老板和曾宪梓成了好朋友，两人真诚合作，促进了金利来事业的发展。

放眼望去，这是个繁华纷乱的时代。高官政要、财经名人、娱乐新星、草根大腕，一起在聚光灯下登场，吸引着大众的目光。有注意力才有影响力，然后就有生产力。作秀，其实就是一场实力与个性的展示，做得好的人才有机会胜出。

这个世界上的穷人，是被机会的列车抛在后面的人。当他们发现别人手中都握着名气、财富、地位，而自己始终两手空空的时候，不免对自己的能力产生怀疑。自卑的心理，使他们一直蹑手蹑脚地行事，小心翼翼地说话。长此以往，这种谦卑成了他们身上最深刻的烙印，即使有人想拉他们一把，也是以施舍者的面目而不是合作者的身份。

普通人常犯的一个错误是主动埋没自己的优势，而对既往的失意与失败喋喋不休。

他们会将自己的困苦向别人倾述，企图得到心理上的慰藉。然而，他们却从来没有想过：这样做的目的究竟在哪里呢？

你过得累，别人听得也累。即使对于那些同情心泛滥的人来说，你所能得到的也不过是一些空泛的安慰罢了，也许可以温暖一时，于你的未来绝对与事无补。

但是这么一来，失去的东西却多了。

首先你搞砸了自己的形象，失意的人，总会给人以能力不足的印象。很多人凭主观印象来评价别人，一般来说，自信、坚定的人，别人对他的印象就会比较好，如果他是个事业有成的人，那么更会获得尊敬。一事无成而心怀怨怼的人，得到的只能是不屑和冷淡。

现代社会，人们的眼睛多是往上看的，当我们需要外界的助力的时候，表现自己的困苦决不如展示自己的信心更有力度。

影视大鳄邓建国拍《广州教父》时，账上只有十万人民币，连开机费都不够，他却孤注一掷：提出全部家当召开大型记者新闻发布会，签约香港著名影星汤镇宗做男主角，然后在广州日报打上整版广告，雇了一批美女军团，拿着广州日报的整版广告，去企业拉电视剧的贴片广告。结果支票像雪花一样飞向邓建国。那一年，就让邓建国成了亿万富翁。

有人或许会以为邓建国是侥幸成功，万一拉不来赞助，他可就上天无路、入地无门了。但事实是，即使这件事邓建国不成功，他还有下一件事，还有下下件事，总有一天他还是会成功的。对于众人瞩目的焦点人物，机会随时都会产生。

对于那些在没有建立起事业基础的小人物，作秀首先就是给自己做门面。有些人之所以能在人群中当老大，不是因为他拥有多少现成的资本，他的号召力和感染力都是一种可贵的无形资产。一个指点江山、纵横捭阖的强人，会让追随者完全忘记他的出身和起点，有钱出钱，有力出力，心甘情愿地跟着他打江山。

现在是只问结果，不问过程的年代。我们必须时时都把自己最好的一面拿给人看，不论是言辞的表达，还是精神面貌。

做事讲心计：
低处唱高调，高处唱低调

人们最常犯的错误是，得意时则趾高气扬，失意时则灰心丧气。这是人性的弱点，将会严重地阻碍你的发展。

人在低处，斗志却不能也跟着低下去。此时不妨采取一些非常手段，以把自己推出去为第一要务。当你在某一领域做出了让人瞩目的成绩时，再唱高调，就会显得骨头太轻，缺少一种大将风范。此时你的谦逊和亲和力，会使你的魅力上升到一个新的层次。

从卑微之处，勇敢地站出来

不同的态度产生不同的结果，有许多人之所以平庸了一辈子，就是因为他们一直在等待完全成熟的条件和万无一失的机会，缺乏站出来推销自己的勇气。古希腊哲学家苏格拉底说过："要使世界动，一定要自己先动。"一个人追求成功的热情，能给周围的人带来强烈的感染力，奇迹常常可以从这里产生。

现在，我们已经看到了"站出来"的重要性，但是在有些时候，你会连站出来的机会都没有，这时候，就需要我们自己去制造机会了。

当年还是一名黄浦军校学生的顾祝同，就是此中高手。

时任黄浦军校校长的蒋介石有一个习惯，每逢早晨未等起床时间到，便提前起来去操场跑步，坚持持久，从不有误。这事被当时还不起眼的顾祝同发现了，于是他趁一天早晨上操的时候，故意迟到了一会，被蒋介石发现了，除训斥了一顿外，又给予罚跪的处罚。顾祝同没有辩驳，便跪到了一边。谁知，蒋介石处罚了顾祝同后，因为上操，早把这事忘了，下操后没有叫顾起来，就回去了。这时候，有人劝顾："校长早忘了，还不快起来。"顾摇头，没有动。该开饭了，又有人来叫顾让他起来，顾还是没有动。就这样，顾祝同一直从第一天早晨跪到第二天早上，蒋介石在第二天早上来跑步才发现，还有夜行人，忍不住问道："你怎么这么早，跪在这里干什么？"看来，蒋介石早已把昨天的事忘了。顾答："不是校长惩罚学生让学生跪在这里么？"蒋介石忽然大悟，这才记起昨天有个学生因迟到而被自己罚了跪。于是他又问道："那你怎么不起来？"顾答："军人以服从命令为天职，没有校长命令，学生不能起来。"蒋介一下子感动得不知如何是好，急忙拉起顾祝同，携手并肩前后跑起步来……

只这一下，顾祝同便在蒋介石心中烙下了深刻的印象。所以，北伐开始后，蒋介石一路破格提拔顾祝同。蒋介石要推行自己的独裁政策，就必须树立起绝对的权威，顾祝同此时彻底地奉行"军人以服从命令为天职"，最合蒋的心意。从来没有人会去排斥自己的崇拜者，这出戏顾是做给蒋看的，而蒋是做给别人看的。

表面看来，这是权势者与靠巴结晋级的小人物合演的一部双簧，并没有太高的参考价值。其实我们完全可以抛开这种稍稍有点儿迂腐的想法。权位是一把双刃剑，用好用坏，全看控制者的心意，至于他当初坐到这个位子上的时候，是不是玩了一些小花样，只要不伤天害理，倒也不必深究。

从另一方面说，那些掌握了强势资源，可以影响其他人命运的人，极少会主动凑过去欣赏谁。如果你去接近他呢？这又是不同。他手中的资源，给谁不给谁本是个未知，当一个既有能力又有勇气的人站在他面前时，他一般会为自己发现了一个人才而欣喜，顺水推舟地提拔一下，自己也没什么损失。

在我们非常熟悉的一些名人中,很多人也是通过向那些"伯乐"们推荐自己,从而踏上成功的阶梯的。

我国著名导演张艺谋在成为大导演之前可谓历经坎坷曲折,但他以进攻的姿态为自己创造了一次次机遇。1978年,北京电影学院在"文革"后首次招生,按他的家庭情况,他是难过"政审"关的。但他用自己几年来的摄影作品"开路",给素昧平生的文化部部长黄镇写了一封恳切真诚的信,并附上自己的作品。颇通艺术的部长有强烈的爱才之心,派秘书去电影学院力荐张艺谋,他才被破格录取。尽管在校表现优秀,但命运仍然对他不公,毕业后,他被分配到广西电影制片厂这个小厂。但他并没有因处境不佳而自我埋没。外部条件不好,厂小、人少、设备差、技术力量薄弱,这些都是不利的因素。但这里也有大厂所不具备的条件,那就是科班毕业生少,名导演、名摄影师少,因而论资排辈的做法不像大厂那么突出。张艺谋主动请缨,挑起大梁,以卓越的摄影才能,一炮打响,荣获"中国电影优秀摄影奖"。

当今时代,老板用人的最大原则是要为他创造价值,而不是请来待候,因此他们更喜欢那种积极主动并富有挑战精神的人。在我们周围,也可以找出很多勇于毛遂自荐的人获得成功、而那些羞于自荐的人仍在原地踏步的例子。特别是在当今社会竞争如此激烈的情况下,再也不是那种"待价而沽"或等人"三顾茅庐"的时代,如果不主动出击,让别人看得到你,知道你的存在,知道你的能力,你就有可能"坐以待毙"或错失良机,至少你获得机会的几率比别人少。

有许多原本非常优秀的员工并没有得到老板的赏识,其主要原因是与老板过度疏远,没有找到合适的机会向老板表现和推销自己,没有把

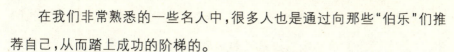

自己的能力和才华介绍给自己的老板。

有些人到一家公司上班几年了，老板对这个人都没有什么深的印象，这就在于他们对老板有生疏及恐惧感。抓住一切机会，把自己介绍给老板，是提升我们职场身价的重要的一步。在以下一些场合中，我们应该注意留给领导好的印象，适时展现自己的能力与才干。

1. 电梯中

假如你在电梯之中遇见你的领导，毫无疑问，你的一分钟表达将决定着他对你的印象，这时候简洁最能表现你的才能。你应主动向他问好，并表现你的修养与仪态，也许你大方、有礼、自信的形象会在他心中停留较长一段时间。

2. 工作餐中

吃工作餐也是你能与领导接触的机会。如果领导在工作餐中有会见安排，你最好不要再进来。如果领导没有特殊的安排，你便可以一显身手。你应尽量与他接近，搭上几句话。最好能有幽默的效果，因为工作餐不是工作时间，要制造轻松欢快的气氛，也许领导也很累，如果你能用简单的话语或简洁的行动使他感到轻松，他会很注意你。如果领导没有位置坐，你可以主动站出来让出你的位置，不要怕别人嘲笑，下属尊重领导本来就是正常的事。

3. 走廊里

有时你所能得到的、使领导听取你意见的机会是跟着他在走廊上，从这个办公室直到另一个办公室，这时，你就应该十分清楚如何最大限度利用这个机会了。

4. 在酒会上

在这种社交场合，你更要制造机会让领导把注意力投向你，哪怕几十秒钟都好。你可以在领导一个人的时候，举杯向他致意，轻松说上几句，既让他感到轻松，又消除了他暂时的寂寞。时间要短，行动要快，这是要点。如果你能博得他朋友、亲人或是公司重要客户的好感，赢取他们的掌声或是笑声，将无疑会把领导的眼光吸引过来。

☉ 让自己成为热门人物

实力相差不多的人，站在沟壑里或者是站在一个高台上，有幸被阳光照射的时间和频率就不会一样，这就影响了他们个人成就的高低。为了不长期吃冷饭，我们不应该放过任何一个接近热点的机会。

接近热点，为我们今后的发展提供了无限的可能，如果能更进一步，让那些社会上的精英政要们看到你、赏识你，那么你不但可以取势，甚至可以直接受益。

1993年，吴小莉放弃在台湾的事业，应邀加盟凤凰卫视，独自在香港打拼。刚到香港时，她一个人住在半山腰的屋子里，没有家具，只有一个床垫、一盏灯，孤单、寂寞、无助伴随着她，她整夜整夜无法入睡。望着远处高楼里的灯光一点一点地暗下去，她期待着自己生命里的一次转折。

在工作中，吴小莉是幸运的。1998年"两会"新闻发布会上，她被朱镕基总理点名提问。提到那次被点名，吴小莉说："很意外啊。一是因为我不知道总理竟然认识我；还有一个意外是他居然还很喜欢我的节目。不过，为了提问，我足足准备了6个问题呢。"也正是那一次"点名"，让吴小莉迅速地在内地"走红"。吴小莉一路走过，经历已是很丰富：记者、主播、主持人、执行制作人、财经节目经理、咨讯台副台长，在事业中节节上升。

在我们的一贯意识中，成功必须要经历漫长的艰苦奋斗，事实上，那些由一次偶然的机遇而造就的成功之路,味道也同样甘美。不必理会你只是一个幸运儿的议论,他人想幸运,还没有机会呢?也不必在意你的幸运是靠他人扶持的议论,某些人,就是有人扶还扶不起来呢?

不要以为那些被上层精英关注的人是幸运儿,是可遇而不可求的机遇所促成的,其实,我们完全可以设计自己的命运。成功是需要很多条件的,比如,健全的体魄、聪明的头脑、雄厚的资金和广泛的社会关系等,但这些条件并不是每个人都能具备的。一个人之所以能成功,首先就在于,他从不苛求条件,而是竭力创造条件。

罗忠福,原籍贵州遵义,家庭出身"资本家",后任珠海福海集团董事长、珠海市总商会会长、珠海市政协副主席。

1968 年底,17 岁的罗忠福带着黑五类的成份,被分配到贵州最偏远的大山中去,走与工农相结合的道路。那地方,算是中国最贫穷的地方之一,挑一担水要走 20 里山路,有时一个月吃不上一口粮食,只有靠瓜菜充饥,他不怕苦,却不甘心自己年轻的生命永远埋没在那里,他发奋要出人头地。

1969 年的一个夏天,在故乡贵州遵义山区的一处悬崖上,罗忠福用绳子吊在峭壁上涂写着"毛主席万岁"的大红标语。足下,是数百米深的峡谷。此时,恰好有一批从省城来的记者路过,这一壮举立即引起他们的强烈兴趣。不久,《知青罗忠福用生命抒写对毛主席的热爱》的大幅新闻照片出现在贵州省的各大报纸上。

这一切是罗忠福精心策划的。因为他的成分是资本家,要从农村推荐上学是不可能的。他事先得知记者要来采访的消息,而峭壁是记者必经之路。于是,他耗尽十几元积蓄,买了一桶红漆和一把刷子,让人吊在峭壁上,于是一夜之间他就成了名。

罗忠福最初做生意是在他回遵义探亲时，无意之中看到城里有人以 9 角钱一斤的价格收购槐树籽，立即联想到自己插队的大山到处是槐树，立即兴冲冲地回知青点，向村里人宣布，以 3 角钱一斤收购槐树籽，每收满一袋就利用探亲的机会进城卖掉。后来他发现插队地方的当地人不会使用化肥，就先从城里带一些用在自己的自留地，几个月后他种出的南瓜、水果、萝卜的丰收景象让当地农民非常羡慕。他们都来找他要肥料，罗忠福趁机做起了化肥生意，既帮助周围老乡，又大赚其钱。

这时的罗忠福，因为时代条件所限，还没有正式进入商界，但从他的所作所为，我们已经可以看到他成为一个成功者的潜力。一个想出头、敢出头，并且想尽一切办法要出头的人，放在哪里，前途都是不可估量的。

当我们年纪轻、脸皮薄的时候，对那种"出风头"、"现积极"的作风总是有些看不惯，其实，积极是一种进取的姿态，在职场，"积极分子"就是"预备主管"。

要想在事业中有所发展，给人以"积极"的印象非常重要，它可以成为你取胜的法宝。你不必像罗忠福那般极端表演，在日常的工作中，表现的机会也多得是。以下就是我们在日常工作中需要把握的几点重要的事项：

1. 站起来发言

无论在员工大会上讲话，还是在办公室发言，最好的姿势是站起来。哪怕有准备好的椅子，也不要坐。因为站起来发言，给人的感受要强烈、有感染力得多。还可以居高临下，把握会场的气氛。

2. 提早上班

提早上班，会给人一个积极、肯干的印象。当别的同事睡眼惺忪地赶到办公室，开始做准备工作时，你已经进入工作状态了，上司自然会另眼看你。

3. 腰杆挺直快步走

这样做会给人一种充满朝气、富有活力的感觉,这是自我表现中不可忽视的内容。如果弯腰驼背,慢慢腾腾,无精打采会让人如何评价你呢？答案是非常明确的。

4. 做好笔记

别人讲话时,要注意边听边做笔记。做笔记,一方面可以记录下对自己有用的内容。另一方面则是表示对对方讲话内容的认同、对对方又是一种尊敬。

5. 名字要写大

姓名是每个人的代号,签名时尽可能地把字写得大一些,因为写大字的人一般比较具有进取性。

6. 坐到上司身边

对自己越有信心的人,越喜欢和上司坐在一起。因此,在没有安排固定座位的场合时,主动坐在上司身边,可以显示出自己的信心。就像学习成绩好、喜欢课堂发言的学生喜欢坐在距老师较近的座位一样。

到高处时要把调子降下来

人到了一定的位置上,下面有众多的小人物在仰视,此时再唱高调,就有些发飘了。这时候,表现自己的谦逊大度和温暖的人情味儿才是正理。

在一些西方国家,政治家为了笼络人心,其笼络手段令人咋舌。例如,见到只有一面之交的人时,他会亲切地叫着对方的名字说："某某,好久不见了,你好吗？"等等,实际上,别说对方的名字就连相貌也未必记得,但是他会通过秘书知道对方的名字,就好像他还记得对方一样。如果知道对方是某重要人物的儿子,他就会马上和他握手,拍着他的肩头以表示亲近。此时他也不会忘记询问对方父亲的近况，"你父亲最近身体好吗?"他们深知这微不足道的一点关心会使对方信任他，日后加倍地回报他。

在《罗斯福——他侍从的英雄》中，罗斯福的黑人侍从爱默士回忆了这样一件事：

"有一次，我的妻子问总统关于鹌鸟的事。她从来没有见过这种鸟，他对她详细地讲述了一番。过些时候，我房间里的电话响了(爱默士和他的妻子住在罗斯福住宅里的一间小屋里)。我的妻子接电话，而打电话的就是罗斯福先生。他说，他打电话是告诉她，她的窗外有一只鹌鸟，如果她向外看，就可看见它。像这样的小事情正是他的一种特点。无论什么时候，他经过我们的屋舍，他看不见我们，我们仍可听得见'哎，安尼！'或'哎，詹姆士！'的招呼声。那正是他经过时所表达的一种友善的问候。"

伟人之所以伟大，除了他的赫赫功业，还包括了他的人格魅力。其实越是从小节上，越可以看出一个人的修养。

1952年2月，毛泽东同志访问苏联结束时，临行前与下榻宾馆的工作人员告别。许多人连大衣都没有来得及穿，就跑出来站在雪地里欢送这位卓越的中国领导人。当时的场面非常感人，管食堂卫生的老太太说，毛泽东关心他们，理解他们，爱惜他们的劳动，不浪费电……毛泽东还自己把屋子收拾得干干净净，进出很有规矩。所有的工作人员都依依不舍，不少人流下了眼泪，一个叫瓦莉娅的姑娘甚至捂着脸泣不成声。

只有那些风云际会，在某一个领域光芒无限的人物，才有资格返璞归真，既不摆架子，也不做什么姿态。

香港广告界著名人士林燕妮，在经营广告公司时，曾与李嘉诚的长实集团有业务往来。广告市场是买方市场，只有广告商有求于客户，而客户丝毫不用担心有广告无人做。这样,自然会滋长客户尤其是像长实这样的大客户颐指气使、盛气凌人的气焰。

　　林燕妮回忆道:"头一遭去长实总部商谈,李嘉诚十分客气,预先派了穿长实制服的男服务员在地下电梯门口等我们,招呼我们上去。电梯上不了顶楼,踏进了长实大厦办公厅,更换了个穿着制服的服务员陪着我们拾级步上顶楼,李先生在那儿等我们。那天下雨,我一身雨水湿淋淋的,李先生见了,便帮我脱下外衣,他亲手接过,亲手替我挂上,不劳服务员之手。"

　　双方做了第一单广告业务后,彼此信任,李嘉诚便减少参与广告事宜,由助手出面商谈下一步的售楼广告,并叮嘱他们"不要劳烦人家太多"。

　　当一个人即使只坐在一旁点头微笑,别人也能感知到他的分量的时候,他要注意的,倒应该是不把自己的实力构成对别人的压力了。一些真正的大人物,给人的感觉是亲切温暖,春风和煦的,于是大家像众星捧月一样,以与之合作为荣。人心财富,自然就汇流成河。

　　对于普通大众来说,无论实力地位都无可骄傲处,而应该迫切地需要展示自己优秀的一面,以获得一个发展的机会。作秀,自然是唱高调的时候为多。但是值得注意的是,在现实生活中,每个人都会在一个特定的时间或环境中处于优势地位,比如我们面对的是一个年纪且轻经验少的人,职场上的后来者,资金更微薄的同行,甚至你熟悉的圈子里的一个陌生人,这种情况下,要唱的就是低调了。如此才可以表达诚意、凝聚感情,并展现你的大家气度。

　　秀出自己的身份不是坏事,只是我们要明白什么时候要表现,什么时候要收敛。

做事讲明智：

该出手时敢为人先，该藏拙时甘为人后

知人为智，自知者为明。所谓明智，就是能准确地掂量出自己的分量，知道自己在社会坐标里所处的位置。既不自我膨胀到认为自己英明神武、万众瞩目的地步，也不整天战战兢兢，以为四周遍布着要挑自己刺儿的人。

读懂自己之后，才能对周围的人和对整个的形势有一个准确的判断，避免做出一些傻事和错事来。

◎ 现实是最硬的硬道理

太拿自己当人物，却不小心在现实中碰了壁的人，包括那些有名位、有实力的社会名流，曲高和寡的艺术家、沉浸于自己小天地里的专业人士或者"曾经阔过"的名门子弟，虽然在社会上属于边缘人的行列，偏偏他们中间的一些人据不接受这个事实，过于迷恋自己食之无肉、弃之不舍的"身份"。

常见"提高 XX 的社会地位"一词，随着时代的不同，可代入工人、农民、知识分子、商人不等。可见提高并不是一句话的事，社会各阶层的座次，是随时可以调整的。

在清末民初的电视剧中，歌女们常常是一件白底小花的衫子，孤苦无依地跟在一位瞽目老人的后面，"先生老爷"地叫着，只为讨几个铜钱吃饭。读书的少年动了恻隐之心，一块大洋就可以换来她们的无限感激。

当歌女变成歌星的时候，舞台上灯光流转，宛若神仙妃子，底下的观众鼓掌尖叫,如果能有机会上台献上一束花,便是了不起的殊荣。等而下之,在歌厅里献艺的,名为歌手,是明日之星,就算最后唱不红,一夕收入也抵得上工薪族半个月的工资了。谁同情谁,只好让事实说话。

商业社会,价值才是硬道理,谁有实力,谁的身份就镶了金边。不是想优越就能优越的,即便只是心理上的安慰。

事实上,就在我们身边,人们的价值取向、行事标准,也正在悄悄地进行改变。

中央台的"百家讲坛"捧红了包括易中天、于丹在内的一大批"坛主",该栏目本身也成为央视的金牌栏目。可是它在开播之初,定位和现在却是完全不同的路子,那时百家讲坛基本是"大家讲坛",以片头人物为代表:诺贝尔奖得主杨振宁、《时间简史》作者霍金、欧元之父蒙代尔、古典诗词研究名家叶嘉莹。

有意思的是,"含金量"非常高的大家,组成了"铁锡节目"。

所谓"铁锡",开始指播出时间"铁锡",是最不合适的中午。后来收视率也"铁锡",几乎在科教栏目中垫底。电视观众才不管你主讲人有没有世界性学术地位,才不管你有没有名气或有多大名气。你讲的不对我心思,我就打台,我一打台,收视率就掉下来。

这时,清史专家阎崇年姗姗而来。有个传得很广的说法是:"能把学问当评书讲的,能把历史当故事讲的,阎崇年老师是第一人。"

榜样的力量无穷。此后登上百家讲坛的各路神将,虽然八仙过海,各显神通。但用"学问"酿"评书",拿"故事"说"历史"、说"名著",在百家讲坛几乎成了"潜规则"。也就是说,不管你是多么有名的专家,都得把自己的学问讲到让广大观众能听懂,能接受。

搞学术的人都在走平民化的路子,其他行业就更需要人气了。在中国,说起著名的服装设计大师,大家可以不知道迪奥和阿玛尼,可是都熟悉皮尔·卡丹，他可能不是个一流的设计师，但绝对是个一流的经营者。

当年，法国的时装设计特点是豪华气派，用料昂贵，在全世界仅有 3000 多位上流社会的顾客。皮尔·卡丹提倡"成衣大众化"，推出一批为普通消费者服务的时装。他的"离经叛道"之举惊动了巴黎，引起许多同行的猛烈攻击，坚决要求把皮尔·卡丹轰出巴黎时装舞台。但这并没有动摇皮尔·卡丹的地位，他 3 次获得法国时装的大奖——金顶针奖，甚至连当时的美国第一夫人杰奎琳也请他设计参加肯尼迪总统就职典礼的服装。他不仅是一个世界著名的时装设计大师，更是一个超级商人。

皮尔·卡丹看着世界各地都有人仿制抄袭他的时装作品，他知道难以制止，干脆就宣布，可以把设计方案卖给厂家生产，可以把他的商标转让给经营者，有意合作的厂商可以使用"皮尔·卡丹"商标，但都必须要付 7%~10% 的转让费。尽管转让费高了些，可厂商还是纷至沓来。迄今为止，皮尔·卡丹已经签订了 6000 多份合作合同。

他不但靠卖名气赚钱，还自己经营多种生意。摩天大楼、纽扣、领带、打火机、香水、手表、地毯、电影院、画廊、餐厅等，皮尔·卡丹什么都做。

"我已被人骂惯了。我的每一次创新，都被人们抨击得体无完肤。但是，骂我的人，接着就做我所做过的东西。"皮尔·卡丹笑道，"我是冒险家，我制造报纸第一版新闻已经有 40 年了，事实证明我成功了。"

即使在今天，依然有人在骂易中天们亵渎了高雅的学术，皮尔·卡丹们亵渎了高贵的时装，但是他们不会去为自己辩驳，他们太忙了，顾不上这些口舌之争。

真正有分量的实力派人物，若不端正态度，也有被钉子扎了脚的时候，那些只有虚名而无实绩的人，再端着架子与现实格格不入，应该先问问自己能不能喝风吸露活下去。

◎ 知道自己的长短，行动上的偏差会少一些

无论对于谁，那种认为自己无所不能的想法肯定是经不起现实检验的。比如说会做人，会做学问，和做官是两码事。做官需要通达、明察、有决断，有协调能力，为了达到一个大目标，手段可以灵活；而做人呢，或奉儒，或信道，总而言之，是要为理想的观念活着，这就难免在现实面前碰壁。所以，做官不仅仅是有良好的意愿就可以的，好人不一定能做一个好官。如果我们的长项在于治学，而性格又有些理想主义的色彩，踏入官场中，只会误人误己。

1952 年 11 月 8 日，正在美国某大学执教的爱因斯坦接到邀请，让他就任以色列共和国的总统。对这个多少人为之垂涎的总统宝座，爱因斯坦却婉言谢绝了。

他说："我对自然界了解不多，对人就更一无所知了，""我整个一生都在同客观物质打交道，因而，既缺乏天生的才智，也缺乏经验来处理行政事务以及如何公正待人，为此，本人是不适合如此高官重任，且不谈高龄的衰老已经在减少我的精力了。"这些由衷之言，体现了爱因斯坦高贵的自知之明。

以现代的观点看，我们或者会以为爱因斯坦思想过于保守，缺乏开拓创新的精神。但是我们必须知道每个人都不是万能的，你在这个位置上如鱼得水，换一个地方，就很有可能放不开手脚。世上的人才不拘一格，一生能做好一件事就不容易。爱因斯坦是一位空前绝后的大科学家，一样可以造福社会，实现自己的价值，和做官从政其实殊途同归。

在大自然中,有一种善于飞腾、跳跃的灵猿,在原始大森林里生活得逍遥自得。然而,若是将这群灵猿赶到一片荆棘丛生的灌木林中去生活,那就会变成另外一番景象了。它们无树可攀,无枝可跳,善于腾跃的本领无法施展,稍有行动,往往就会被繁枝利刺扎得疼痛难忍,真可谓是危机四伏。

同样是这群灵猿,为什么在乔木林和灌木丛中的表现竟有天壤之别呢?这只因为它们后来所处的环境,使它有力也无处使的结果啊!我们做事业也一样,不要轻易去尝试你一无所知的或者无法施展能力的行业,在自己熟悉的领域里和自己有充分把握的行业中,对想要成功的人来说是极为有利的。

人与人的差别总是客观存在的,不承认不行。要想有所改变,就要逐步积累,量变最终将促动质变,若急于求成,就是变了皮也变不了瓢。

某大学门口,有一个年轻漂亮的修鞋姑娘。

有一天,一位留校不久的年轻男教师来补鞋,和修鞋女拉起了家常:"姑娘,你是哪里的人啊?"姑娘甜甜地一笑,说:"您是老师吧?""是啊!""我是浙江温州人。"少女诚恳地回答。"你这么年轻漂亮,在这大庭广众之下给人家补鞋,不觉得丢面子吗?"温州女一边熟练地补着鞋,一边低着头说:"靠手艺挣钱,丢什么面子呀?这不也是方便大家吗?"温州女说得不卑不亢,男教师却一时语塞,继而又道:"那你就这样一直补啊,补啊,补下去吗?"温州女此时已将鞋补好,抬起了头,对男教师说:"不!我这样天天辛苦地补鞋,是在为自己的梦想投资。因为我从小就有个梦想,那就是长大了开一个属于自己的鞋厂。您试试吧,看合脚不?"男教师一穿,穿上比原来还舒服,便掏出两元钱递给她。她又找回一元钱,笑了笑说:"这活儿只收一元钱,我补鞋走了很多的地方,就数这大学门口生意最好,以后还需要你们常来照顾我啊！"

踏实处世是做人的成功之道，很多聪明人办事往往过于急躁，这样往往是欲速则不达，最后把事情弄得一团糟。所以，我们凡事都要有耐心，用一颗平常的心去面对，切忌心浮气躁。

如果你选的行业与自己的专长与兴趣都相差甚远，情况就不太妙了。对别人来说驾轻就熟的事，你还要花大量的时间精力去学习，一开始就会落在后面。有时候，即使你交了学费，而已经投入的时间和精力却再也找不回来了。另外还有一点，从事自己不了解、不喜欢的行业，既没有什么乐趣，还会增加许多紧张和压力，是无法持续下去的。所以我们要从事的事业，最好要与你的兴趣、爱好、家庭环境、社会环境相适应，从而使你的品格和长处得到充分的发展。

人要完全看清自己的优劣短长不是很容易，但是有两点是我们必须要警惕的：第一是不要迷恋"身份荣耀感"。以自己出身于一个良好的家庭，或者毕业于一所名牌大学、服务于一个国际大公司为荣，进而以为自己干什么都是无往不利的，于是就会犯了贪功冒进的错误。第二是要忌除那种跟风从众的心理。在我们身边，肯定存在各种类型的成功者，他们或是因跳槽升了高职位，或是因为炒股赚了大把的金钱，或者干脆是因利用了财势美色而衣食无忧，但这一切都是"仅供参考"而已，因为人和人是不同的，适合他的生活方式，不一定也适合你。为了不让自己在将来后悔，我们的人生大计就是不为外物动摇，安心做自己的事。

◎ 有能量，也要懂得乘势而动

我们做事情，一定要懂得"与其待时，不如乘势"的道理，许多看起来难办的大事，居然顺顺利利地办成了，就是懂得乘势的缘故。

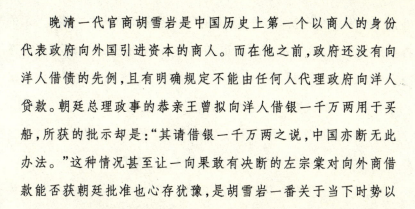

晚清一代官商胡雪岩是中国历史上第一个以商人的身份代表政府向外国引进资本的商人。而在他之前，政府还没有向洋人借债的先例，且有明确规定不能由任何人代理政府向洋人贷款。朝廷总理政事的恭亲王曾拟向洋人借银一千万两用于买船，所获的批示却是："其请借银一千万两之说，中国亦断无此办法。"这种情况甚至让一向果敢有决断的左宗棠对向外商借款能否获朝廷批准也心存犹豫，是胡雪岩一番关于当下时势以及办大事要懂得乘势而行的剖析使他得以坚定。胡雪岩认为：

同样是向洋人借款，那时要办断不会获准，而这时要办却极可能获准。这是时势使然，一则那时向洋人借债买船，受到洋人多方刁难，朝廷大多数人不以为然，恭亲王亦开始打退堂鼓，自然决不会再去借洋债。而此时洋人已经看出朝廷决心镇压太平天国，收复东南财赋之区，自愿借款以助朝廷军务，朝廷自然不大可能断然拒绝。二则当时军务并不十分紧急，向洋人借款买船尚容暂缓，此时军务重于一切，而重中之重又是镇压太平天国，为军务所急向朝廷提出向洋人借款的要求，朝廷也一定会听从。三则此时领衔上奏的左宗棠本人手握重兵，且因平定太平天国有功而深得内廷信任，由他向朝廷提出借款事，其分量自然也不一般了。借助这三个条件形成的大势，向洋人借款不办则罢，一办则准成。

不用说，事实确实如此。

这里所说的势，是指那些促成某件事成功的各种外部条件同时具备，即恰逢其时、恰在其地，几好合一，好的机会集合而成的某种大趋势。具体说来，这种"势"也就是由时、事、人等因素交互作用形成的一种可以助成"毕事功于一役"的合力。这里的"时"即时机。所谓"彼一时，此一时"，同样一件事，彼时去办，也许无论花多大的力气都无法办成，而此时去办，可能"得来全不费功夫"。这里的"事"是指具体将办之事。一定的时机办一定的事情，同样的事情此时该办亦可办，彼时却也许不可办亦不该办。可办则一办即成，不可办则绝无办成之望。这里的人即具体办事的人。一件事不同的人办会办出不同的效果，即使能力不相上下的两个人，这个人办得成的某件事，另一个人却不一定能办成。所谓乘势而行，也就是要在恰当的时机由恰当的人选去办理该办的事情。

当然，我们更应清楚，在诸多因素中，对时机的选择与把握是至关重要的，它可以说是我们"乘势"的灵魂，这就犹如我们平常发表对某件事情或对某件事做一个决策的看法一样。在许多事情的处理与运作过程中，即使你是一个身位显赫、举足轻重的人物，即使是你的意见很富有科学理性、意见绝对正确、决策十分果断准确，如果你想让你的意见或决策起到更大更有力的作用或影响，你也必须选择恰当的时机，乘着"势"而发。否则，说早了没用，说迟了徒然自误；说的场合不佳，效果不大，甚者带来负作用。这就是"势"的作用。

对于那些成功者，他们所拥有的局面是大胆决策和自己用心经营后的必然结果，而决非误打误撞的"大运"。他们大胆果断的"冒险"背后，是深谋远虑的筹划与安排。

1959 年，金庸 35 岁，抵港已 11 年了。他对自己这段时间的作为做了一个总结：

北上投效外交部失败；

婚姻失败；

唯写作武侠小说成功。

把这几件事综合起来看，写武侠小说应该是自己走的路。但是，在金庸看来，写武侠小说毕竟只是"副业"，在别人看来也许是成功的，但自己始终难抒己愿。而最让他难受的是，作为主业的编辑行业却因《大公报》的工作作风而使自己难以尽情施展抱负。那么，下一步该怎么走？

在别人看来，金庸坚持以写武侠小说作为自己的事业也是很不错的。但金庸选择了一条充满风险的行业：办报。

在香港有这样一句俗语：假如和人有仇，最好劝他办报，意指办报的风险极高。但金庸已经决定自立门户，说干就干！1959年5月20日，日后声名鹊然的《明报》正式创刊了。

选择一项全新的、从未有过经验的行业自然有许多难处，对金庸也不例外。《明报》创刊之始即苦苦支撑，困境时甚至只剩下包括金庸在内的两位报人，许多人都断言：《明报》不出半年即倒闭。但出人意料的是，《明报》不但支撑了下去，而且销量渐有上升，一步步打开了局面。

武侠小说作家站出来办报，旁观者也许会为金庸的胆量喝彩，如果以武侠世界的观点讲，他是一位敢作敢当的勇者。其实在金庸先生自己看，这背后未必没有谋略的支撑。应该说金庸对办报是有所准备的。这次重新选择事业，金庸吸取了北上求职失败的教训，事先估计了各种可能的情形。10来年的经历一方面为他增加了不少经验，另一方面也使他有了一定的积蓄，用来作启动资金是不愁的；为刺激报纸销量，以前给《大公报》等写的国际政治述评可以转载在《明报》上发表，而给《新晚报》等的武侠小说连载更是抢手货。另外，针对香港市民的爱好，《明报》专门开辟了娱乐版面，相信可以吸引一大批读者。即使是办报失败了，自己仍可以从事翻译和武侠小说的写作以维持生活，自然，这是最坏的打算。

有了这样细致的前期准备，放心大胆地选择自己的新目标当然是没有问题的。

人生是一场长途的跋涉，我们自然可以冒险选择距离成功的最短路径，但是你一定要看清方向，带好必需的装备。

做事讲理性:

衡量利弊事妥当,感情用事一团糟

年轻人做事爱冲动,头脑发热之下,常常会有一些让自己过后悔之莫及的举动。

我们要把每一件事都办得干净漂亮不太现实,但是如果你能在事先详细论证、多方调查之后再做决定,事情将会合理得多,也就避免了许多的偏见和谬误。

◎ 走马观花得到的结论是靠不住的

美国一位自由撰稿人曾因为主观臆断闹了个笑话。

一次他被派到华盛顿工作,约翰逊总统的助手带他参观白宫的椭圆形办公室。当时总统不在,他便恳求在总统的椅子上坐一会儿,他全身靠在镶皮的座椅上,双手搁在扶手上,看见椅子前面有 4 个按钮——红、蓝、绿、白各一。他心想,这些按钮一定是可以联络国防部,克里姆林宫,英国首相宫邸的,甚或可以触发毁灭人类的核武器。于是他写了一篇有关这四个按钮的紧张刺激的文章在报上发表了。事实如何呢? 就在他的文章登出的那星期,《时代》杂志发表了一则简讯,报道了这四个按钮的用途:白色表示要牛奶;红色表示要咖啡;蓝色表示要汽水;绿色表示要清水。

我们不论看人、做事,都要有一种客观审度的态度。不要以点代面,错过了全面地、彻底地了解人或事物的机会。不被人慷慨激昂的大话或低声下气的甜言蜜语所迷惑,而从他一贯的做人原则和做事方法来察识他的心意。同样,不能因为一个人有行为道德上的缺失,就认定他百无一是,说什么话也都是别有用心。

对任何一件事,若是心里先存了成见,就是圣贤也可能犯错误,宋明理学的代表人物朱熹,就曾经错断了一桩案子,冤枉了好人。

朱熹在福建崇安做知县的时候,有个小民来告状说有一块祖传的坟地,被县里一个大户无端侵占,安葬了自家的先人。"朱熹精于风水,知道福建是极其重视此事的,常有豪门富室见有好风水吉地,就欺压小民,夺为己用。

公堂之上,两家却各执一词,争执不休。朱熹道:"口说无凭,待我亲自去看个明白。"当下就带了一干人犯及随从人等,来到坟头。只见山明水秀,龙飞凤舞,果然是一个好风水上佳的地方。朱熹心里想:"如此吉地,难怪有人争夺。"暗自掂量,必是小民先人葬着,大户看着好,就起了贪心。

此时,大户先禀道:"这是小人家里新造的坟,泥土工程,一应都是新的,怎么说是他家旧坟?相公一看,便自然明白。"小民道:"上面新工程是他家的,底下却有老土。这原是我家里的,他强占了刚起的新坟。"朱熹叫取锄头铁锹,在坟前挖开来看。挖到松泥将尽之处,"当"的一声响,把个挖泥的人震得手疼。拨开浮泥看去,乃是一块青石头,上面依稀有字,刻的本是小民家里祖先名字。

到这里事情似乎已经真相大白了,朱熹起身回县衙,把坟断归小民,把大户问了个强占田土之罪。小民口称"青天",拜谢而去。

朱熹断了此事,心想:"此等锄强扶弱的事,不是我,谁人肯做?"他深为得意,岂知反中了奸民之计!原来小民诡诈,把朱熹的脾气摸透了。他看那家大户坟地的风水好,于是定下一计,把青石刻了字,偷埋在他家坟前,然后再告此一状。地下先做成的圈套当众亮出来,朱熹岂能不信?何况从来只有大户占小民的,哪曾见有小民谋大户的?所以晦翁一挥笔就下了定论。

那大户受冤,心里不服,到上边监司处再递了状子,仍发崇安县审问。朱熹更加恼怒,一发狠,便勒令大户迁出棺椁,把地给小民安葬祖先。如此结果,惹来外面许多知情者的非议,也有风吹到朱熹耳朵内。他反认为这是大户力量大,人们都趋炎附势所致,慨然叹息道:"看此世界,直道终不可行!"遂弃官不做,隐居本地武夷山中。

这本是件不折不扣的冤案,在此案中,若说朱熹有意,他并没收受贿赂,偏袒一方;若说他无意,可他心里却先有了一定之规,犯了主观主义的错误。为富的定然不仁,有色的必然无德,这种道学,不是人生的实际学问。人不可无正直之心,但是世事是复杂的,在全面的了解一个人或一件事之前,先不要急着下结论。

有这样一个故事,来自一位外国朋友的亲身经历:

我年轻时自以为了不起。那时我打算写本书,为了在书中加进点'地方色彩',就利用假期出去寻找。我要去那些穷困潦倒、懒懒散散混日子的人们当中找一个主人公,我相信在那儿可以找到这种人。

一点不差,有一天我找到了这么个地方,那儿到处都是荒凉破落的庄园,衣衫褴褛的男人和面色憔悴的女人。最令人激动的是,我想象中的那种懒惰混日子的景象也找到了:一个满脸乱胡须的老人,穿着一件褐色的工作服,坐在一把椅子上为一小块马铃薯地锄草,在他的身后是一间没有油漆的小木棚。

我转身回家,恨不得立刻就坐在打字机前。而当我绕过木棚在泥泞的路上拐弯时,又从另一个角度朝老人望了一眼,这时我突然停住了脚步。原来,从这一边看过去,我发现老人的椅

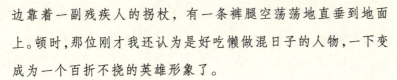

边靠着一副残疾人的拐杖，有一条裤腿空荡荡地直垂到地面上。顿时，那位刚才我还认为是好吃懒做混日子的人物，一下变成为一个百折不挠的英雄形象了。

从那以后，我再也不敢对一个只见过一面或聊上几句的人，轻易下判断和做结论了。感谢上帝让我回头又看了一眼。

心怀偏见是人际冲突的常见的原因，如果我们对别人多一些了解，人世间就会多一些宽容与友好。

如果说道听途说的不可靠，我们大家一般不会有什么异议，那么，亲眼所见的就一定不会有偏差吗？若只心浮气躁、走马观花地看一眼，就难免被成见所误，不能客观地评论人或事物。

◎ 把事情做踏实，光是"想当然"不成

在生活中，有些人常常会有这样的言论：干这一行挣钱最快；他是个新手，没人帮肯定摔跟头；这个项目前景不好，无论付出多大努力都不会成功；已有人靠这个发家，再不跟上就晚了。如此等等。他们的说法有严密的理论支持吗？没有。那么经过事实的检验了吗？也没有。之所以这么说，凭的只是一种直觉。

我们认识事物，总有一定的思维框架，这来自外界的影响和以前经验的参照。它们是有用的，但是，又可能使我们用它来对照复杂的对象时，陷入想当然的错误。所以，当你在作一项决定之前，一定要注意这与现实是否合拍。

20 世纪 90 年代，"要练字，找席殊"的广告语声名远播，"席殊"成了习字产业的第一品牌。就在席殊的书法函授班办得火热之际，席殊发现，随着电脑的不断普及，习字事业再往前拓

展的空间已经很小了,学习书法的人开始逐渐减少,在低谷期到来之前,他要赶快寻找下一个发展目标。于是,席殊匆忙决定投资酱油厂。

"习字大王"席殊居然做起了酱油生意,并且立志要将酱油卖到大江南北,真是让人匪夷所思。但席殊却固执地认为,酱油是老百姓天天都需要的东西,做起来会有更大的赚头。而且,那个时候全国酱油中还没有一个有影响力的品牌。他觉得,"席殊"在习字领域是第一品牌了,他知道如何操作有杀伤力的广告,他要把"席殊"这个品牌延伸到其他行业中去。

可是,席殊并不清楚"酱油的内幕",等到染指酱缸,就像掉进了无底深渊,为了挽回败局,他只好不停地往里投钱,直到500万元投入了这个大酱缸,也仍不见起色。在实验室里做出的酱油样品,颜色好,味道好,还评上了几次国家金奖。但一投入大批量生产,就完全是两回事了,无论怎么折腾,就是折腾不出预想中的酱油来。最后只好惨淡收场。

席殊的思路并没有问题,酱油是中国人一日不可或缺的消费品,市场空间巨大,发展前景广阔,关键是在既没有技术优势又不清楚行业内幕的情况下,光凭一腔热情能不能就把事办成。当大家都不遗余力地鼓吹创新和尝试的时候,只是不知谁能为没经过严密论证的创新负责?

营销学中有个经典的卖鞋故事。对此,很多人以偏概全,误导读者,应引起我们的深思。

故事的大意是:鞋厂的两个营销人员到非洲一个原始部落去推销,发现那里的人都不穿鞋子。一个人很沮丧,说这怎能把鞋子卖出去呢?另一个却很高兴,说正好可以把鞋子卖给他们。

绝大多数的营销书,都表达这样一个观点:第二个营销人员才是好样的,眼光独特,能看到事情的光明面,把不可能经营成可能。

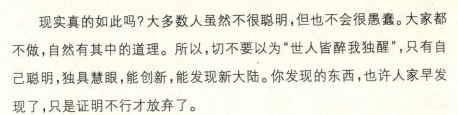

现实真的如此吗？大多数人虽然不很聪明，但也不会很愚蠢。大家都不做，自然有其中的道理。所以，切不要以为"世人皆醉我独醒"，只有自己聪明，独具慧眼，能创新，能发现新大陆。你发现的东西，也许人家早发现了，只是证明不行才放弃了。

对待新领域、新行业，正确的做法应该是，在没有搞清楚之前，既不要否定，也不要肯定。不能说大家都没做就肯定不行，也不能说大家都没做，是正好给我留着呢，只等着我去做。经过了广泛的、详尽的调查之后再做决定，才是正确的态度。

美国肯德基炸鸡早已为国人所熟悉，但对它是如何打入中国市场的，知道的人却不多。肯德基打入中国市场的一个重要经验，就是在广泛收集信息的基础上进行科学的预测。

起初，肯德基公司派一位执行董事来中国考察市场。他来到北京街头，看到川流不息的人流，穿着都不怎么讲究，就报告说，炸鸡在中国有消费者，但无大利可图，因为中国消费水平低，想吃的人多，但掏钱买的人少。由于他没有进一步进行相关信息的收集整理，仅凭直观感觉、经验做出预测，被总公司以不称职为由降职处分。接着公司又派了另一位执行董事来考察。这位先生在北京的几个街道上用秒表测出行人流量，然后请500位不同年龄、职业的人品尝炸鸡的样品，并详细询问他们对炸鸡的味道、价格、店堂设计等方面的意见。不仅如此，他还对北京的鸡源、油、面、盐、菜及北京的鸡饲料行业进行了详细的调查。经过总体分析，得出结论：肯德基打入北京市场，每只鸡虽然是微利，但消费群巨大，仍能赢大利。果然，北京的第一家肯德基店开张不到300天，就赢利高达250多万元。

有时候，对事情的直观印象，和事物的真实面目总有一定的差距，我们一定要克服急功近利的思想，把事先的准备工作落到实处。为了少犯错误,要注意对情况进行反复分析,并尽量收集新的资料加以检验,时时提醒自己,不可以轻率地下任何结论。

人活着肯定要犯错误,但是那种被直观感觉误导了的错误应该尽量避免。

◎ 能控制情绪的人,可以成就任何大业

清人傅山说过:愤怒达到沸腾时,就很难克制住,除非"天下大勇者",否则便不能做到。如果你想和对方一样发怒,你就应想想这种爆发会有什么后果。如果发怒必定会损害你的利益,那么你就应该约束自己、控制自己,无论这种自制是如何吃力。

在一个雨天,一名学生匆匆地来到集纳教授的办公室,告诉教授说有一位同学出言不逊,当众侮辱自己,他不知道是该直接找那个学生论个明白,还是应该找对方的教授评理。集纳教授听后说道:"你看,我大衣上的泥巴,就是今早过马路时溅上的。如果我当时立即抹去,一定会搞得一团糟。所以我把大衣挂到一边,专心干别的事,等泥巴晾干了再处理它,就非常容易了。瞧,轻轻掸几下就没事了。"

学生听了,不太明白。集纳解释说:"批评和侮辱,跟泥巴没什么两样。我年轻时不善于控制情绪,经受不住别人的批评和侮辱。慢慢地我发现,最好的办法就是先把让我恼火的事搁在一边,晾一会儿。等我冷静下来后,再去对付它们。如果你现在就去质问他,你会更生气,矛盾会更严重。我建议等你情绪的水分较多蒸发掉了,再来想这件事。不过晾干水分后,你也许发现那泥点也淡得找不到了!"

台湾著名的专栏作家吴淡如,有一天,她看电视时,看到一位记者在以夸张的语气谈论她。说她虐待出版社编辑,在编辑

大腹便便时还要她到家里来监督装潢工程，还说她所有的书都是背后有个"影子兵团"在代笔，并非她亲笔所写……

吴淡如听到这里简直气炸了，这种愤怒像台风天气的潮水一样，一波一波地在撞她的心，她很想马上打个电话给记者说清楚讲明白。但是念头一转，她又暂时忍住了，因为她的心里有个声音告诉她：且慢发火。她知道有句话叫"杀敌一千，自损八百"，如自己怒气冲冲的直接回击，除了让自己泄恨之外，并不能解决问题。

于是她决定忍几天，等下次有机会碰到那位记者时再说清楚。几天后，当她遇到那位记者时，记者向她道歉说："对不起，那是很久以前录的节目，那时候我并不认识你，误听了谣言……我不知道他们会回放，也一直以为你老早就知道了，但你却宽宏大量，并不在意……"

吴淡如听了记者的话后，庆幸自己当时没有发火，否则的话，就可能失去了一位朋友了。由此可见，我们若想发火时，不防先忍耐一下，让这些情绪冷却下来，这时你可能就会发现，有些事根本就不值得去发火。

如果被某件事惹得气愤异常、情绪激动时，我们可以把它冷却一下，有人说"小怒数到十，大怒数到千"，这就是冷冻脾气的一种小技巧。

相反，如果你不懂得如何控制自己的情绪，在怒火的支配下，很可能做出让自己后悔莫及的蠢事来。

在法国发生了这样一则故事：

阿兰·马尔蒂是法国西南小城塔布的一名警察，这天晚上他身着便装来到市中心的一间烟草店门前。他准备到店里买包香烟。这时店门外一个叫埃里克的流浪汉向他讨烟抽。马尔蒂说他正要去买烟。埃里克认为马尔蒂买了烟后会给他一支。当马尔蒂出来时，喝了不少酒的流浪汉缠着他要烟。马尔蒂不给，于是两人发生了口角。随着互相谩骂和嘲讽的升级，两人情绪逐渐激动。马尔蒂掏出了警官证和手铐，说："如果你不放老实点，我就给你一些颜色看。"埃里克反唇相讥："你这个混蛋警察，看你能把我怎么样？"在言语的刺激下，二人扭打成一团。旁边的人赶紧将两人分开，劝他们不要为一支香烟而发那么大火。被劝开后的流浪汉骂骂咧咧地向附近一条小路走去，他边走边喊："臭警察，有本事你来抓我呀！"失去理智、愤怒不已的马尔蒂拔出枪，冲过去，朝埃里克连开四枪，埃里克倒在了血泊中……

法庭以"故意杀人罪"对马尔蒂作出判决，他将服刑 30 年。

一个人坐了牢，起因是一支香烟，而罪魁就是失控的激动情绪。

生活中我们常见到当事人因不能克制自己，而引发争吵、骂人、打架，甚至流血冲突的情况。有时仅仅是因为你踩了我的脚，或一句话说得不当。坐地铁时争抢座位，在公交车上挨了一下挤，都可能成为引爆一场口舌大战或拳脚演练的导火索。而这些矛盾，却不是不能平和地解决的。我们可以让自己的心情平静下来，好好地思索一番：人与人之间经常会产生矛盾，有的是因为认识的水平不同；有的是因为对对方不了解；有的是原本有某些偏见和误解。如果你有较大的度量，以谅解的态度对待别人，忍住最容易爆发的激动情绪，这样你就可能赢得时间，矛盾也可能得到缓和。

有这种见识的人，当再受到别人的一时的误解或伤害时，大都能一笑而过，不让无端的怒火烧伤别人，折磨自己。